项目施工组织与管理

李海洋　李钧　亓利晓　主编

延边大学出版社

图书在版编目（CIP）数据

项目施工组织与管理 / 李海洋，李钧，亓利晓主编
. -- 延吉：延边大学出版社，2019.6
ISBN 978-7-5688-7234-8

Ⅰ.①项…　Ⅱ.①李…　②李…　③亓…　Ⅲ.①建筑工
程－施工组织－高等职业教育－教材②建筑工程－施工管
理－高等职业教育－教材　Ⅳ.①TU7

中国版本图书馆CIP数据核字（2019）第137085号

项目施工组织与管理

主　　编：李海洋　李　钧　亓利晓
责任编辑：金东云
封面设计：盛世达儒文化传媒
出版发行：延边大学出版社
社　　址：吉林省延吉市公园路977号　　　　邮　　编：133002
网　　址：http://www.ydcbs.com　　　　E-mail：ydcbs@ydcbs.com
电　　话：0433-2732435　　　　传　　真：0433-2732434
制　　作：山东延大兴业文化传媒有限责任公司
印　　刷：天津雅泽印刷有限公司
开　　本：787×1092　1／16
印　　张：10.75
字　　数：232千字
版　　次：2020年6月第1版
印　　次：2020年6月第1次印刷
书　　号：ISBN 978-7-5688-7234-8

定价：54.00元

前 言

随着我国经济和现代化建设事业的高速发展及在近年来房地产业过热的大环境推动下，建筑工程规模不断扩大，工程管理体制不断完善，工程管理水平也在不断提升，并且逐步与世界接轨。目前，我国建筑工程组织和管理相对效率低下，强化建筑工程施工组织及管理工作迫在眉睫。

建筑工程施工组织与管理是由承建单位根据自身的实际情况和工程项目的特点，在设计和施工、技术和经济、前方和后方、人力和物力、时间和空间等方面对施工全过程所做的筹划、部署、安排、指导及监管。从全局出发，为建筑工程项目制订施工方案计划、对计划中的各个环节制定明确的施工活动内容，并对各施工活动内容中所需人工、材料、机械、资金等要素进行合理的安排，是建筑施工实现有效战略部署和战术安排的重要保障。

所以，项目施工组织与管理是建筑工程类专业的一门主干课程，是融合了流水施工原理、网络计划技术和施工组织管理等知识的综合性课程。该课程的教学目标是使学生掌握施工组织与管理的基本方法和手段，具备从事施工项目管理工作的能力。

本书是根据高等职业教育建筑工程技术专业的教育标准、结合职业教育的特点编写的。在编写过程中，本书坚持"实用为主，够用为度，注重实践，强化训练，利于发展"的原则，内容安排注意了深度与广度之间的关系，通俗易懂，可操作性强，注重学生实际操作能力的培养，使学生能用施工组织的基础理论知识解决工程项目中单位工程、分部（分项）工程的施工组织与管理问题。

在编写过程中，我们参考了大量有关项目施工组织与管理的文献资料。在此，向这些资料的作者表示诚挚的谢意。

由于编者水平有限，书中疏漏与不当之处在所难免，敬请广大读者批评指正。

目 录

项目1 施工组织设计与管理概述 ·········· 1

任务 1.1 建筑施工组织的研究对象和任务 ·········· 1

任务 1.2 项目管理基础知识 ·········· 2

任务 1.3 施工组织设计基础知识 ·········· 11

思考题 ·········· 15

项目2 施工准备工作 ·········· 16

任务 2.1 施工准备工作概述 ·········· 16

任务 2.2 调查研究和搜集资料 ·········· 19

任务 2.3 技术资料准备 ·········· 21

任务 2.4 资源准备 ·········· 24

任务 2.5 施工现场准备 ·········· 27

任务 2.6 季节性施工准备 ·········· 31

任务 2.7 施工准备工作计划和开工报告 ·········· 33

思考题 ·········· 35

项目3 流水施工原理 ·········· 36

任务 3.1 基本概念 ·········· 36

任务 3.2 有节奏流水施工 ·········· 43

思考题 ·········· 46

项目4 网络计划技术 ·········· 47

任务 4.1 基本概念 ·········· 47

任务 4.2 网络图的绘制 ·········· 50

任务 4.3 网络计划时间参数的计算 ·········· 54

任务 4.4 双代号时标网络计划 ·········· 65

　　任务 4.5　网络计划的优化 ·· 71

　　任务 4.6　单代号搭接网络计划 ······································ 78

　　任务 4.7　多级网络计划系统 ·· 84

　　思考题 ·· 88

项目 5　施工组织总设计与单位施工组织设计 ·························· 89

　　任务 5.1　施工组织总设计和单位施工组织设计概述 ·················· 89

　　任务 5.2　施工组织总设计 ·· 93

　　任务 5.3　单位工程施工组织设计 ···································· 99

　　思考题 ·· 106

项目 6　建筑工程项目管理 ·· 107

　　任务 6.1　工程项目进度管理 ······································ 107

　　任务 6.2　工程项目成本管理 ······································ 113

　　任务 6.3　工程项目质量管理 ······································ 134

　　思考题 ·· 163

参考文献 ·· 164

项目1 施工组织设计与管理概述

任务 1.1 建筑施工组织的研究对象和任务

1.1.1 施工组织的研究对象

随着社会经济的发展和建筑技术的进步，现代建筑产品的施工生产已成为多人员、多工种、多专业、多设备、高技术、现代化的综合而复杂的系统工程。要做到提高工程质量、缩短施工工期、降低工程成本、实现安全文明施工，就必须使用科学的方法进行施工管理，统筹施工全过程。

建筑施工组织是针对建筑工程施工的复杂性，研究工程建设的统筹安排与系统管理的客观规律、制定建筑工程施工最合理的组织与管理方法的一门科学，是推进企业技术进步、加强现代化施工管理的核心。

一个建（构）筑物的施工是一项特殊的生产活动，特别是现代化的建（构）筑物，规模和功能都在不断发展，有的高耸入云，有的跨度大，有的深入地下、水下，有的体型庞大，有的管线纵横，因此给施工带来许多更为复杂和困难的问题。解决施工中的各种问题，通常都有若干个可行的施工方案供施工人员选择。但不同的方案，其经济效果一般也是各不相同的。如何根据拟建工程的性质和规模、施工季节和环境、工期长短、工人素质和数量、机械装备程度、材料供应情况、构件生产方式、运输条件等各种技术经济条件，从经济和技术统一的全局出发，从若干个可行的方案中选定最佳方案，是施工人员在开始施工前必须解决的问题。

1.1.2 施工组织的任务

施工组织的任务是在党和政府有关建筑施工的方针政策指导下，从施工的全局出发，根据具体的条件、以最佳的方式解决上述施工组织的问题，对施工的各项活动做出全面、

科学地规划和部署，使人力、物力、财力、技术资源得以充分利用，达到优质、低耗、高效地完成施工任务。

任务 1.2　项目管理基础知识

1.2.1　项目的概念

1.2.1.1　项目的含义

"项目"越来越广泛地被人们应用于社会经济和文化生活的各个方面，并对人们的工作和生活产生重要影响，如建筑工程项目、开发项目、科研项目、社会公益项目等。

项目是一个专业术语，有其科学含义。

联合国工业发展组织在《工业项目评估手册》中将项目定义为："一个项目是对一项投资的一个提案，用来创建、扩建或发展某些工业企业，以便在一定周期内增加货物的生产或社会的服务。"

从最广泛的含义来讲，项目是一个特殊的将被完成的有限任务，是在一定时间内满足一系列特定目标的多项相关工作的总称。

项目是指在一定约束条件下（限定资源、时间、质量），具有明确目标的有组织的一次性工作或任务。

1.2.1.2　项目的特点

项目的特点，见表 1-1。

表 1-1　项目的特点

特点	内容
项目的一次性	项目的一次性，也称单件性，是指每个项目具有与其他项目不同的特点，尤其表现在项目本身与最终成果上，且每个项目都有其明确的终点。当一个项目的目标已经实现，或该项目的目标不再需要及不可能实现时，即该项目到达了它的终点。项目的一次性决定了项目的生命周期性
项目的独特性	独特性，也称唯一性。每个项目都是独特的，或者其提供的成果有自身的特点，或者其提供的成果与其他项目类似，但其时间和地点、内部和外部的环境、自然和社会条件不同于其他项目，因此项目是独一无二的
项目的动态性	项目的动态性体现在两个方面：一方面，项目在其生命周期内的任何阶段都会受到外部和内部各种因素的干扰和影响。因此，在项目进行过程中发生变化是必然的，在项目进行之前应充分分析可能影响项目进展的各种因素；在项目进行过程中应进行有效的管理和控制，根据变化不断加以调整。另一方面，项目的生命周期内各阶段的工作内容、要求和目标不同。因此，不同阶段的项目组织和工作方式也不尽相同

续表

特点	内容
项目的生命周期性	项目从开始到完成需要经过一系列过程，包括启动、规划、实施、结束，这一系列过程称为生命周期。根据所包含的过程，项目的生命周期可分为局部生命周期和全生命周期。项目的局部生命周期是指从项目立项开始到项目交付使用为止的过程；项目的全生命周期是指从项目立项开始到项目的运营、报废为止的全过程
项目目标的明确性	任何项目都有明确的目标，没有明确目标的项目不是项目管理的对象。项目目标可分为成果性目标、约束性目标和顾客满意度目标。项目的成果性目标是项目的来源，也是项目最终目标及项目的交付物。项目的成果性目标被分解为若干个项目的功能性要求，成果性目标是项目的主导目标。约束性目标是指项目合同、设计文件和相关法律法规等所要求实现的目标，包括时间目标、质量目标、费用目标和安全目标等。顾客满意度目标是指与项目有关的相关方或干系人的满意度，既包括外部顾客的满意度，也包括内部顾客的满意度
项目作为管理对象的整体性	项目作为管理对象的整体性是指在项目管理和配备资源时必须以整体效益的提高为标准，做到数量、质量、结构的整体优化。项目是一个系统，由各种要素组成，各要素之间既相互联系又相互制约。因此，项目的管理应具有全局意识、整体意识、系统思维等特点

1.2.1.3 项目的构成要素

项目的基本构成要素，见表1-2。

表1-2 项目的基本构成要素

要素	内容
项目的范围	项目的范围是指项目的最终成果和产生该成果要做的工作，是制定项目计划的基础
项目的组织	项目的组织主要包括项目的组织结构设计、人员配备、工作职责及工作流程等管理制度的制定
项目的时间	项目的时间具体表现为项目的进度，项目的时间管理与项目的进度控制密切相关
项目的费用	项目的费用要确保在预算的约束条件下，在预算费用时，要考虑经济环境（如通货膨胀、税率和兑换率等）对项目的影响。当费用预算涉及重大的不确定因素时，应设法减小风险，并对余留的风险考虑一定的应急备用金
项目的质量	项目的质量反映的是项目对目标的需求及需求满足的程度。项目的质量管理应确保质量目标的实现，最大限度地使客户满意

1.2.1.4 项目的分类

（1）按项目的规模分类。项目分为宏观项目、中观项目和微观项目。可以将关系到国家宏观经济建设和发展的项目归集为宏观项目，如南水北调、西气东输、三峡水电站建设等；中观项目主要指关系到地区的经济发展、人民生活水平的提高的项目，如某城市新建垃圾处理厂、修建绕城高速公路等；微观项目主要是指某个企业的内部项目，如某电子企业研发一项新产品等。

（2）按项目的性质分类。项目分为研发项目、技改项目、引进项目、风险投资项目、转包生产项目等。

（3）按项目的行业分类。项目分为建筑项目、制造项目、农业项目、金融项目、电子项目、交通项目等。

（4）按项目的成果分类。项目分为有形产品和无形产品。建筑工程项目既提供有形产品，如工程实体；也提供无形产品，如土地使用权、专利技术等。

（5）按项目的周期分类。项目分为长期项目、中期项目和短期项目。一般情况下，长期项目的周期为 5 年以上，中期项目的周期为 3～5 年，短期项目的周期不超过 1 年。

1.2.2 工程项目的概念

1.2.2.1 工程项目的含义

工程项目是指在一定的约束条件下（主要是限定资源、时间、质量），具有完整的组织机构和明确目标的有组织的一次性工程建设任务。

工程项目是建设工程最为常见、典型的项目类型，是指为完成依法立项的新建、扩建、改建的各类工程（建筑工程、安装工程等）而进行的有起止日期的、达到规定要求的、一组互相关联的受控活动组成的特定任务，包括策划、勘察、设计、采购、施工、试运行、竣工验收和考核评价等。

工程项目属于投资项目中最重要的一类，是投资行为和建设行为相结合的投资项目。投资与建设是分不开的，投资是建设的起点，没有投资，就不可能进行建设；反之，没有建设行为，投资的目的就不可能实现。建设的过程，实质上是投资的决策和实施的过程，是投资目的实现的过程，是把投入的货币转换为实物资产的经济活动。

1.2.2.2 工程项目的特点

工程项目除具有项目的一般特性外，还具有其他特点，见表 1-3。

表 1-3 工程项目的特点

特点	内容
具有明确的建设目标	任何工程项目均具有明确的建设目标，包括宏观目标和微观目标。政府主管部门审核项目主要是审核项目的宏观经济效果、社会效果和环境效果；企业则多重视项目的赢利能力等微观目标
具有特定的对象	任何工程项目均应有具体的对象，工程项目的对象通常是具有预定要求的工程技术系统，而预定要求通常可用一定的功能要求、实物工程量、质量等指标表示。如工程项目的对象可能是一定生产能力的车间或工厂、一定长度和等级的公路、一定规模的医院或住宅小区等 项目的对象决定了项目的最基本特性，并把自身与其他项目区别开，确定了项目的工作范围、规模及界限。整个项目的实施和管理都是围绕着这个对象进行的。 工程项目的对象在项目的生命周期中经历了由构想到实施、由总体到具体的过程。通常，其在项目前期策划和决策阶段得到确定，在项目的设计阶段被逐渐地分解和具体化，并通过项目的实施过程逐步得到实现。工程项目的对象有可行性研究报告、项目任务书、设计图纸、实物模型等定义和说明

特点	内容
有时间限制	人们对工程项目的需求有一定的时间限制，希望尽快地实现项目的目标，发挥项目的作用。在市场经济条件下，工程项目的作用、功能、价值只能在一定的时间内体现出来。没有时间限制的工程项目是不存在的，项目的实施必须在一定的时间内进行
有资金限制和经济性要求	任何项目都不可能没有财力上的限制，必然存在与任务（目标）相关的（或匹配的）预算（投资、费用或成本）。如果没有财力的限制，人们就能够实现当代科学技术允许的任何目标，完成任何的项目。现代工程项目资金来源渠道多，投资多元化，对项目的资金限制越来越严格，经济性要求也越来越高。因此，要求项目管理者应进行全面的经济分析、精确的工程预算和严格的投资控制
一次性和不可逆性	任何工程项目作为整体来说都是一次性的、不重复的。其经历了前期策划、批准、设计和计划、实施、运行的全过程。即使在形式上极为相似的工程项目，如两栋建筑造型和结构完全相同的房屋，也必然存在着差异和区别，如实施时间、环境、项目组织、风险的不同。因此其无法等同，无法代替 工程项目管理不同于一般的企业管理。一般的企业管理，特别是企业内部的职能管理工作，虽有阶段性，但却是循环的、无终结的。工程项目的一次性决定了工程项目管理的一次性，工程项目的这个特点对工程项目的组织行为的影响尤为明显
规模大	随着经济实力增强和技术水平的提高，现代工程项目的投资越来越大，建设规模也越来越大
复杂性	一个工程项目通常涉及多个专业，尤其是科学技术水平的发展，新技术、新工艺的出现，因此建设项目越来越复杂
社会影响面广	工程项目的实施需经历由构思、决策、设计、采购、供应、施工、验收到运行等过程，由诸多在时间和空间上相互影响、制约的活动构成，涉及几十个、上百个甚至几千个单位，社会影响面非常广
建设周期长	工程项目的建设周期少的需要几个月，长的可能需要几年甚至是几十年（如三峡工程），建设周期比较长

1.2.2.3　工程项目的分类

（1）工程项目按建设性质分类，见表1-4。

表1-4　按建设性质分类

类型	内容
新建项目	新建项目是指从无到有，即新开始建设的项目。有的建设项目原有基础很小，需重新进行总体设计，扩大建设规模后，其新增的固定资产价值超过原有固定资产价值3倍以上的，也属于新建项目
扩建项目	扩建项目是指原有企事业单位为扩大原有产品的生产能力和效益，或增加新产品的生产能力和效益，扩建的主要是生产车间或工程的项目，也包括事业单位和行政单位增建的业务用房（如办公楼、病房、门诊部等）
改建项目	改建项目是指原有企事业单位为提高生产效率，改进产品质量，或调整产品方向，对原有设施、工艺流程进行改造的项目。如企业为消除各工序或车间之间生产能力的不平衡，增加或扩建的不直接增加企业主要产品生产能力的车间为改建项目。现有企事业单位增加或扩建部分辅助工程和生活福利设施并不增加本单位主要效益的，也称为改建项目

类型	内容
迁建项目	迁建项目是指原有企事业单位因各种原因迁到其他地方建设的项目,不论其建设规模是企业原有的还是扩大的,均属于迁建项目
重建项目	重建项目是指企事业单位的固定资产,因自然灾害、战争或人为因素等,已全部或部分报废,而后又投资恢复建设的项目。不论其是按原有的规模恢复建设,还是在恢复建设项目的同时又进行改建的项目,均属于重建项目;尚未建成投产的项目,因自然灾害损坏重建的,仍按原项目看待,不属于重建项目

（2）按建设规模（设计生产能力或投资规模）划分,见表1-5。

表1-5　按建设规模分类

类型	内容
工业项目按设计生产能力规模或总投资,划分大、中、小型项目	生产单一产品的项目,按产品的设计生产能力划分 生产多种产品的项目,按主要产品的设计生产能力划分;当生产品种繁多的项目,难以按生产能力划分时,按投资总额划分
非工业项目可分为大中型和小型两种	按项目的经济效益或总投资划分

（3）按建设用途划分,可分为以下两类:

①生产性建设项目是指直接用于物质生产或为满足物质生产需要的项目,如工业项目、运输项目、农田水利项目、能源项目等。

②非生产性建设项目是指用于满足人民物质和文化生活需要的项目,如住宅项目、文教卫生项目、科学实验研究项目等。

（4）按建设阶段划分,见表1-6。

表1-6　按建设阶段划分

类型	内容
预备项目	符合国家产业发展方向,由于某些原因未启动建设程序的项目
筹建项目	正在筹备中的项目
新开项目	刚刚开始建设的项目
在建项目	正在建设中的项目
续建项目	由于某种原因停建后,重新启动、继续建设的项目
投产项目	已建成、投入生产运行的项目
收尾项目	临近完工的项目,即主体工程已完成,但有少量零星工程尚未完工的项目
停建项目	由于某些原因中途停止建设的项目

（5）按资金来源划分,见表1-7。

表1-7　按资金来源划分

类型	内容
政府项目	指国家财政预算拨款建设的项目
贷款项目	指50%以上的投资,通过贷款的建设项目

续表

类型	内容
联合投资项目	指多个机构共同投资的建设项目
自筹项目	指建设资金完全来自建设单位的项目
利用外资项目	指有外国政府的贷款、国外私人和企业参与投资的建设项目
外资项目	指全部资金来自国外的企业或机构的项目

1.2.3　工程项目管理的概念

1.2.3.1　项目管理的定义

项目管理是把各种知识、技能、手段和技术应用于项目活动中，以达到项目管理的要求。项目管理是对启动、规划、实施、监控和收尾等各个阶段的工作进行管理。

《中国项目管理知识体系》中，项目管理的定义是：项目管理就是以项目为对象的系统管理方法。通过一个临时性的专门的柔性组织，对项目进行高效率的计划、组织、指导和控制，以实现对项目全过程的动态管理和项目目标的综合协调与优化。全过程的动态管理是指在项目生命周期内不断进行资源的配置和协调，不断做出科学决策，从而使项目执行全过程处于最佳的运行状态，产生最佳的效果。项目目标的综合协调与优化是指项目管理应综合协调好时间、费用和功能等约束性目标，在较短的时间内成功实现预定的目标。

1.2.3.2　项目管理的特征

项目管理的特征，见表1-8。

表1-8　项目管理的特征

特征	内容
目标明确	工程项目的建设通常都有非常明确的质量、进度和费用目标，项目管理的根本任务是在规定的时间和限定的资源范围内，实现业主要求的预定目标，并确保高效率地实现项目目标。项目管理的一切活动均围绕着项目的预定目标进行。项目管理目标的实现程度是检验项目管理是否成功的重要标志
需要由团队进行管理	由于工程项目具有建设投资规模大、周期长、涉及的单位多、技术复杂等特点，一个人很难完成所有的工程项目管理工作。因此，工程项目的管理需要由团队进行管理
需要有明确的分工和协作保证系统	工程项目的建设耗资大、技术复杂、涉及的单位多、管理难度大，要在限期内实现项目的目标，没有统一的分工和协作保证系统，工作难以协调，难以保证预定目标的实现。因此，成功的项目管理必须以明确的分工和协作保证系统为基础

1.2.3.3　工程项目管理的定义

在《中国工程项目管理知识体系》中，工程项目管理的定义是：工程项目管理是项目管理的一大类，是指项目管理者为了使项目取得成功（实现事先所要求的质量、进度、费用等目标），对工程项目用系统的观念、理论和方法，进行有序、全面、科学、目标明确的管理，发挥计划职能、组织职能、控制职能、协调职能和监督职能的作用。简单地讲，工程项目管理是为了项目的成功对工程项目所进行的一系列管理活动。

1.2.3.4 工程项目管理的特点

（1）工程项目管理是一次性管理。项目的单件性决定了项目管理的一次性特点，在项目管理的过程中一旦出现失误，将会损失严重。由于工程项目的永久性及项目管理的一次性特征，项目管理的一次性成功是重要关键。因此，应对项目建设中的每个环节进行严格管理，认真选择项目经理和项目管理团队成员，精心设计项目管理机构。

（2）工程项目管理是全过程的综合性管理。工程项目的生命周期是一个有机成长过程。项目各阶段有明显界限、有机衔接，不可间断，因此项目管理是对项目生命周期的全过程管理，如对项目可行性研究、勘察设计、招标投标、施工等各阶段全过程进行管理。在每个阶段中又包括进度、质量、成本、安全等诸多方面的管理，因此项目管理是全过程的综合性管理。

（3）工程项目管理是约束性很强的管理。工程项目管理的一次性特征及其明确的目标（成本低、进度快、质量好）、限定的时间和资源消耗、既定的功能要求和质量标准，决定了其约束条件的强度比其他管理更强。因此，工程项目管理是强约束管理。这些约束条件既是项目管理的条件，也是不可逾越的限制条件。项目管理的重要特点在于项目管理者如何在限定的时间内，在不超越这些条件的前提条件下，充分利用这些条件完成既定任务，并达到预期目标。

工程项目管理与施工管理和企业管理不同。工程项目管理的对象是具体的建筑项目，施工管理的对象则是具体的工程项目，虽均具有一次性特点，但管理范围不同，前者是建设全过程，后者仅限于施工阶段；而（施工）企业管理的对象是整个企业，管理范围涉及企业生产经营活动的各个方面。

1.2.3.5 工程项目管理的职能

工程项目管理的职能，见表1-9。

表1-9　工程项目管理的职能

职能	内容
策划职能	策划职能是将意图转化为系统活动的过程称为策划。策划是工程项目管理的主要工作，并贯穿于项目进行的全过程
决策职能	决策职能在工程项目进展过程中的每一个阶段、过程、环节。每一项活动在开始前，或在实施过程中，都存在各种决策问题。正确而及时的决策是项目成功的重要保证，也是决策职能的最好体现
计划职能	计划职能决定项目的实施方案、方法、流程、目标和措施等。计划是工程项目实施的指南，也是进行偏差分析的依据

职能	内容
组织职能	组织职能是合理利用资源协调各种活动，使工程项目的生产要素、相关方能有机结合起来的机能和行为，是项目管理者进行项目控制的依托和手段
控制职能	控制和计划是有机的整体，控制的作用在于按计划执行，并在执行过程中收集信息，进行偏差分析。根据偏差分析结果，采取相应对策，以保证项目按计划进行并实现项目的目标
协调职能	工程项目涉及复杂的相关方、众多的生产要素、多变的环境因素，因此需要在项目实施过程中理顺关系、解决冲突、排除障碍，使工程项目管理的其他职能有效地发挥作用，需要及时、有效地加以协调。协调是控制的动力和保证，协调可以使动态控制平衡、有力和有效
指挥职能	工程项目管理的顺利进行需要有力的指挥，项目经理是实现指挥职能的重要角色。指挥者需要将分散的信息变为指挥意图，用集中的指挥意图统一项目管理者的步调，指导项目管理者的行动，集合管理的力量。指挥职能是项目管理的动力和灵魂
监督职能	工程项目管理的机制是自控和监控相结合。自控是管理者自我控制，监控则是由其他相关方实施的。无论自控还是监控，其实现的主要方式都是监督

1.2.3.6 工程项目管理的任务

（1）组织管理。工程项目组织协调是工程项目管理的职能之一，也是实现工程项目目标不可缺少的方法和手段。在工程项目的实施过程中，组织协调的主要内容，见表1-10。

表1-10 组织协调的主要内容

项目	内容
外部环境协调	政府部门之间的协调，如规划、城建、市政、消防、人防、环保、城管等部门的协调；资源供应方面的协调，如供水、供电、供热、电信、通信、运输和排水等方面的协调；生产要素方面的协调，如图纸、材料、设备、劳动力和资金等方面的协调；社会环境方面的协调
项目参与单位之间的协调	主要有业主、监理单位、设计单位、施工单位、供货单位、加工单位等
项目参与单位内部的协调	项目参与单位内部各部门、各层级之间及个人之间的协调

（2）合同管理。合同管理包括合同签订管理和合同履行管理两项任务。合同签订管理包括对合同的准备、谈判、修改和签订等工作的管理；合同履行管理包括合同文件的执行、合同纠纷的处理和索赔履行处理等工作。在执行合同管理任务时，应重视合同签订的合法性和合同履行的严肃性，为实现管理目标服务。

（3）进度控制。进度控制包括方案的科学决策、计划的优化编制和实施的有效控制三方面任务。方案的科学决策是实现进度控制的先决条件，包括方案的可行性论证、综合评估和优化决策，只有决策出优化的方案，才能编制出优化的计划；计划的优化编制包括科学确定项目的工序及其衔接关系、持续时间、优化编制网络计划和实施措施，是实现进度控制的重要基础；实施的有效控制包括同步跟踪、信息反馈、动态调整和优化控制，是实现进度控制的根本保证。

（4）投资控制。投资控制包括编制投资计划、审核投资支出、分析投资变化情况、研究投资减少途径和采取投资控制措施五项任务。前两项是对投资的静态控制，后三项是对投资的动态控制。

（5）质量控制。质量控制包括制定各项工作的质量要求及质量事故预防措施，各方面的质量监督与验收制度及各个阶段的质量事故处理和控制措施三方面任务。制定的质量要求应具有科学性，质量事故预防措施要具备有效性。质量监督和验收包括对设计质量、施工质量、材料及设备质量的监督和验收，应严格检查制度和加强分析。质量事故处理与控制要对每一个阶段进行严格的管理和控制，采取全面有效的质量事故预防和处理措施，以确保质量目标的实现。

（6）风险管理。随着工程项目规模的不断大型化和技术的复杂化，业主和承包商所面临的风险越来越多。工程建设的客观现实证明，要保证工程项目的投资效益，必须对项目风险进行定量分析和系统评价，提出风险防范对策，形成有效的项目风险管理程序。

（7）信息管理。信息管理是工程项目管理工作的基础工作，是实现项目目标控制的先决条件，其主要任务是及时、准确地为项目管理的各级领导、各参加单位及各类人员提供所需的信息，以便在项目进展的全过程中，进行动态项目规划，迅速、正确地进行各种决策，并及时检查决策执行的情况，反映工程实施中暴露出来的各类问题，为项目总目标控制服务。

（8）环境保护。工程项目建设可改造环境、造福人类。优秀的设计作品可以增添社会景观，给人们带来观赏价值。工程项目的实施过程和结果也存在着影响甚至破坏环境的各种因素。因此，在工程项目建设中应强化环境保护意识，切实有效地把保护环境和防止损害自然环境、破坏生态平衡、污染空气与水质、扰动周边建筑物及地下管网等现象的发生作为工程项目管理的重要任务。

1.2.4 我国的工程项目管理制度

1.2.4.1 项目法人责任制

工程项目法人责任制是我国从 1996 年开始实行的一项工程建设管理制度。按照原国家计委《关于实行建设项目法人责任制的暂行规定》的要求，为了建立投资约束机制，规范建设单位的行为，工程项目应当按照政、企分开的原则组建项目法人，实行项目法人责任制，即由项目法人对项目的策划、资金筹措、建设实施、生产经营、债务偿还、资产的保值增值实行全过程负责的制度。项目法人可按《中华人民共和国公司法》的规定设立有限责任公司等。项目法人责任制是实行建设工程监理制的必要条件，建设工程监理制是实行项目法人责任制的基本保障。

1.2.4.2 工程招标投标制

为了在工程建设领域引入竞争机制，择优选定勘察、设计、施工单位以及材料设备供应商。工程项目满足规定要求时，必须进行招标。招标是工程建设成败的关键，也是建设工程监理工作成败的关键。有关行政管理部门对招标投标活动及其当事人依法实施监督、查处违法行为。

1.2.4.3 建设工程监理制

按照有关法令规定的要求，工程项目在一定范围内实行强制监理。工程监理的主要任务是控制工程项目的投资、工期、质量，进行工程项目的安全施工合同、信息等方面的管理，协调参加工程项目有关各单位间的工作关系。

建设单位一般通过招标投标等方式，择优选定工程监理单位，双方应当签订书面的委托监理合同。监理企业组建项目监理机构进驻施工现场，项目监理实行总监理工程师负责制。项目监理机构在总监理工程师的领导下，遵循"守法、诚信、公正、科学"的基本准则，按照《建设工程监理规范》中规定的程序开展监理工作。

在委托监理的工程项目中，建设单位与监理单位是委托与被委托的合同关系，监理单位与承包单位是监理与被监理的关系。承包单位应当按照与建设单位签订的建设工程合同及法律法规中的相关规定接受监理检查。

1.2.4.4 合同管理制

为使勘察、设计、施工、材料设备供应单位和工程监理单位依法履行责任和义务，在工程建设中必须实行合同管理制度。合同管理制的基本内容是工程项目的勘察、设计、施工、材料设备采购和工程监理均应依法签订合同。各类合同应有明确的质量要求、合同价款和完成合同内容的确切日期以及履约担保和违约处罚条款，违约方要承担相应的法律责任。合同管理制的实施是为工程监理开展合同管理工作提供法律支持。

任务1.3 施工组织设计基础知识

1.3.1 施工组织设计的概念

施工组织设计是指根据拟建工程的特点，对人力、材料、机械、资金、施工方法等方面的因素做全面、科学、合理的安排，并形成指导拟建工程施工全过程中各项活动的技术、经济和组织的综合性文件，该文件称为施工组织设计。

1.3.2　施工组织设计的必要性与作用

1.3.2.1　施工组织设计的必要性

编制施工组织设计有利于反映客观实际、符合建筑产品及施工特点要求，也是由建筑施工在工程建设中的地位决定的，更是建筑施工企业经营管理程序的需要。因此，编制并贯彻实施施工组织设计，可以保证拟建工程施工的顺利进行，取得好、快、省和安全的施工效果。

1.3.2.2　施工组织设计的作用

施工组织设计是施工准备工作的重要组成部分，也是做好施工准备工作的主要依据和重要保证。

施工组织设计是对拟建工程施工全过程实行科学管理的重要手段，是编制施工预算和计划的主要依据，是建筑企业合理组织施工和加强项目管理的重要措施。

施工组织设计是检查工程施工进度、质量、成本三大目标的依据，是建设单位与施工单位之间履行合同、处理关系的主要依据。

1.3.3　施工组织设计的分类

1.3.3.1　按设计阶段分类

施工组织设计的编制按设计阶段分类，见表1-11。

表1-11　按设计阶段分类

项目	内容
设计按两个阶段进行时	施工组织设计分为施工组织总设计（扩大初步施工组织设计）和单位工程施工组织设计两种
设计按三个阶段进行时	施工组织设计分为施工组织设计大纲（初步施工组织条件设计）、施工组织总设计和单位工程施工组织设计三种

1.3.3.2　按编制对象范围分类

按编制对象范围分类，见表1-12。

表1-12　按编制对象范围分类

类型	内容
施工组织总设计	施工组织总设计是以一个建筑群或一个施工项目为编制对象，用以指导整个建筑群或施工项目施工全过程的各项施工活动的技术、经济和组织的综合性文件
单位工程施工组织设计	单位工程施工组织设计是以一个单位工程（一个交工系统）为对象，用以指导其施工全过程的各项施工活动的技术、经济和组织的综合性文件

续表

类型	内容
分部分项工程 施工组织设计	分部分项工程施工组织设计是以分部分项工程为编制对象，用以具体指导其施工全过程的各项施工活动的技术、经济和组织的综合性文件
专项施工组织设计	专项施工组织设计是以某一专项技术（如重要的安全技术、质量技术或高新技术）为编制对象，用以指导施工的综合性文件

1.3.3.3 根据编制阶段分类

施工组织设计根据编制阶段可分为两类：一类是投标前编制的施工组织设计（简称标前施工组织设计）；另一类是签订工程承包合同后编制的施工组织设计（简称标后施工组织设计）。

1.3.3.4 按编制内容的繁简程度分类

（1）完整的施工组织设计。
（2）简单的施工组织设计。

1.3.4 施工组织设计的内容

不同类型施工组织设计的内容各不相同，一个完整的施工组织设计，应包括工程概况、施工方案、施工进度计划、施工准备工作计划、各项资源需用量计划、施工平面布置图、主要技术组织保证措施、主要技术经济指标、结束语。

1.3.5 施工组织设计的编制与执行

1.3.5.1 施工组织设计的编制

（1）当拟建工程中标后，施工单位必须编制建设工程施工组织设计。建设工程实行总包和分包时，由总包单位负责编制施工组织设计或分阶段施工组织设计。分包单位在总包单位的总体部署下，负责编制分包工程的施工组织设计。施工组织设计应根据合同工期及相关的规定进行编制，且应广泛征求各协作施工单位的意见。

（2）对结构复杂、施工难度大及采用新工艺和新技术的工程项目，应进行专业性研究。必要时应组织专门会议、邀请有经验的专业工程技术人员参加，为施工组织设计的编制和实施打下坚实基础。

（3）在施工组织设计编制过程中，应充分发挥各职能部门的作用，吸收其参加编制和审定；充分利用施工企业的技术素质和管理素质，统筹安排、扬长避短，发挥施工企业的优势，合理地进行工序交叉配合的程序设计。

（4）当比较完整的施工组织设计方案提出之后，应组织参加编制的人员及单位进行讨论，逐项逐条进行研究，并修改、确定，形成正式文件，报送主管部门审批。

1.3.5.2 施工组织设计的执行

施工组织设计的编制是为实施拟建工程项目的生产过程提供一个可行的方案。这个方案的经济效果，必须通过实践去验证。施工组织设计贯彻的实质是把一个静态平衡方案放到不断变化的施工过程中，考核其效果和检查其优劣的过程，以达到预定的目标。因此施工组织设计贯彻的情况，意义深远。为保证施工组织设计的顺利实施，应做好以下几个方面的工作：

（1）传达施工组织设计的内容和要求，做好施工组织设计的交底工作；

（2）制定并贯彻施工组织设计的规章制度；

（3）推行项目经理责任制和项目成本核算制；

（4）统筹安排，综合平衡；

（5）切实做好施工准备工作。

1.3.6 组织项目施工的基本原则

根据我国建筑行业积累的经验和教训，在编制施工组织设计和组织项目施工时，应遵守以下原则：

（1）认真贯彻执行党和国家对工程建设的各项方针和政策，严格执行现行的建设程序。

（2）遵守建筑施工工艺及其技术规律，坚持合理的施工程序及顺序，在保证工程质量的前提下，加快施工进度，缩短建筑工程工期。

（3）采用流水施工方法和网络计划等先进技术，进行有节奏、连续和均衡的施工，合理安排施工进度计划，保证人力、物力充分发挥其自身作用。

（4）统筹安排，保证重点，合理安排冬、雨期的施工项目，提高工程施工的连续性和均衡性。

（5）认真贯彻建筑工业化方针，提高施工机械化水平，贯彻工厂预制与现场预制相结合的方针，扩大预制范围，提高预制装配程度；改善劳动条件，减轻劳动强度，提高劳动生产效率。

（6）采用国内外先进施工技术，合理确定施工方案，贯彻执行施工技术规范、操作规程，提高工程质量，确保安全施工，缩短施工工期，降低工程成本。

（7）精心规划施工平面图，节约用地；尽量减少临时性设施，合理储存物资，充分利用当地资源，减少物资运输量。

（8）做好现场文明施工和环境保护工作。

思考题

1-1　施工组织的任务是什么？

1-2　项目的含义及其特点是什么？

1-3　我国的工程项目管理制度有哪些？

1-4　施工组织设计的概念是什么？

项目 2　施工准备工作

任务 2.1　施工准备工作概述

2.1.1　施工准备工作的重要性

2.1.1.1　施工准备工作是建筑业企业生产经营管理的重要组成部分

现代企业管理理论认为，企业管理的重点是生产经营，而生产经营的核心是决策。施工准备工作作为生产经营管理的重要组成部分，对拟建工程目标、资源供应和施工方案及其空间布置和时间排列等方面进行了选择和施工决策，有利于企业的目标管理和推行技术经济责任制。

2.1.1.2　施工准备工作是建筑施工程序的重要阶段

现代工程施工是十分复杂的生产活动，其技术规律和市场经济规律要求工程施工必须按照建筑施工程序进行。施工准备工作是保证整个工程施工和安装顺利进行的重要环节，可为拟建工程的施工建立提供必要的技术和物质条件，统筹安排施工力量和现场。

2.1.1.3　做好施工准备工作，降低施工风险

由于建筑产品及其施工生产的特点，其生产过程受外界干扰及自然因素的影响较大，因而施工中可能遇到的风险较多。根据周密的分析和长期积累的施工经验，应采取有效防范控制措施，充分做好施工准备工作，加强应变能力，从而降低施工风险损失。

2.1.1.4　做好施工准备工作，提高企业综合经济效益

认真做好施工准备工作，有利于发挥企业优势、合理供应资源、加快施工进度、提高

工程质量、降低工程成本、增加企业经济效益、赢得企业社会信誉、实现企业管理现代化，从而提高企业综合经济效益。

实践证明，只有重视、认真地做好施工准备工作，积极地为工程项目创造施工条件，才能保证施工顺利进行。否则，便会给工程的施工带来不必要的麻烦和损失，以致造成施工停顿、安全事故等不良后果。

2.1.2 施工准备工作的分类及内容

2.1.2.1 施工准备工作的分类

1. 按施工准备工作的范围分类

按施工准备工作的范围分类，见表 2-1。

表 2-1 按施工准备工作的范围分类

分类	内容
施工总准备 （全场性施工准备）	以整个建设项目为对象进行的各项施工准备。其作用是为整个建设项目的顺利施工创造条件，为全场性的施工活动服务，也为单位工程施工进行作业条件的准备
单项（单位） 工程施工条件准备	以一个建（构）筑物为对象进行的各项施工准备。其作用是为单项（单位）工程的顺利施工创造条件，为单项（单位）工程做好一切准备，也为分部（分项）工程施工进行作业条件的准备
分项（分部） 工程作业条件准备	以一个分项（分部）工程或冬、雨期施工工程为对象进行的作业条件准备

2. 按工程所处的施工阶段分类

按工程所处的施工阶段分类，见表 2-2。

表 2-2 按工程所处的施工阶段分类

分类	内容
开工前的施工 准备工作	是在拟建工程正式开工前所进行的全局性和总体性的施工准备。其作用是为工程开工创造必要的施工条件。既包括全场性的施工准备，也包括单项单位工程施工条件准备
各阶段施工前 的施工准备	是在工程开工后，某一单位工程或某个分部（分项）工程或某个施工阶段、某个施工环节施工前所进行的局部性或经常性的施工准备。其作用是为每个施工阶段创造必要的施工条件 （1）开工前施工准备工作的深化和具体化 （2）应根据各施工阶段的实际需要和变化情况，随时做出补充、修正与调整。如一般框架结构建筑的施工，可分为地基基础工程、主体结构工程、屋面工程、装饰装修工程等施工阶段。每个施工阶段的施工内容不同，所需要的技术条件、物资条件、组织措施要求和现场平面布置等方面也不同。因此，在每个施工阶段开工前，均应做好相应的施工准备

2.1.2.2　施工准备工作的内容

施工准备工作的内容可归纳为：调查研究与收集资料、技术资料准备、资源准备、施工现场准备、季节施工准备，如图2-1所示。

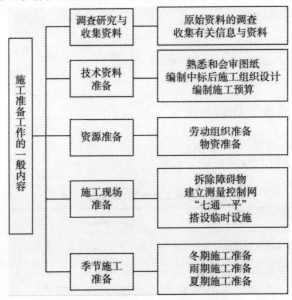

图2-1　施工准备工作的内容

2.1.3　施工准备工作的要求

2.1.3.1　施工准备工作应有组织、有计划、分阶段、有步骤地进行

（1）建立施工准备工作的组织机构，明确相应管理人员。

（2）编制施工准备工作计划表，保证施工准备工作按计划落实。

（3）将施工准备工作按工程的具体情况划分为开工前、地基基础工程、主体工程、屋面与装饰装修工程等时间区段，分期、分阶段、有步骤地进行。

2.1.3.2　建立严格的施工准备工作责任制及相应的检查制度

施工准备工作项目多、范围广，因此必须建立严格的责任制，按计划将责任落实到有关部门及个人，明确各级技术负责人在施工准备工作中的责任，使各级技术负责人认真做好施工准备工作。

在施工准备工作实施过程中，应定期进行检查，可按周、半月、月度进行检查。检查的目的在于监督、发现薄弱环节，不断改进工作。施工准备工作的检查内容是施工准备工作计划的执行情况。如没有完成计划的要求，应进行分析，找出原因并排除障碍，协调施工准备工作进度或调整施工准备工作计划。检查的方法可采用实际与计划对比法，或采用相关单位、人员割分制，检查施工准备工作情况，现场分析问题产生的原因，提出解决问题的方法。

2.1.3.3　坚持按基本建设程序办事，严格执行开工报告制度

当施工准备工作情况达到开工条件要求时，应向监理工程师报送工程开工报审表及开工报告等有关资料，由总监理工程师签发，报建设单位后，在规定的时间内开工。

2.1.3.4　施工准备工作必须贯穿施工全过程

施工准备工作应在开工前集中进行，且工程开工后，应及时、全面地做好各施工阶段的准备工作，贯穿施工全过程。

2.1.3.5　施工准备工作要取得各相关协作单位的友好支持与配合

因施工准备工作涉及面广，故除了施工单位应做好自身努力外，还应取得建设、监理、设计、供应、银行、行政主管、交通运输等单位的协作及相关单位的支持，步调一致，分工负责，共同做好施工准备工作，以缩短开工施工准备工作的时间，争取早日开工。施工中密切配合、关系融洽，保证整个施工过程顺利进行。

任务2.2　调查研究和搜集资料

2.2.1　原始资料的调查

2.2.1.1　对建设单位与设计单位的调查

对建设单位与设计单位调查的项目，见表2-3。

表2-3　对建设单位与设计单位调查的项目

序号	调查单位	调查内容	调查目的
1	建设单位	1. 建设项目设计任务书、有关文件 2. 建设项目性质、规模、生产能力 3. 生产工艺流程、主要工艺设备名称及来源、供应时间、分批和全部到货时间 4. 建设期限、开工时间、交工先后顺序、竣工投产时间 5. 总概算投资、年度建设计划 6. 施工准备工作的内容、安排、工作进度表	1. 施工依据 2. 项目建设部署 3. 制定主要工程施工方案 4. 规划施工总进度 5. 安排年度施工计划 6. 规划施工总平面 7. 确定占地范围

序号	调查单位	调查内容	调查目的
2	设计单位	1. 假设项目总平面规划 2. 工程地质勘察资料 3. 水文勘察资料 4. 项目建筑规模、建筑、结构、装修概况、总建筑面积、占地面积 5. 单项（单位）工程个数 6. 设计进度安排 7. 生产工艺设计、特点 8. 地形测量图	1. 规划施工总平面图 2. 规划生产施工区、生活区 3. 安排大型临建工程 4. 概算施工总进度 5. 规划施工总进度 6. 计算平整场地上石方量 7. 确定地基、基础的施工方案

2.2.1.2 自然条件调查分析

自然条件调查分析包括对建设地区的气象资料、工程地形地质、工程水文地质、周围民宅的坚固程度及其居民的健康状况等的调查。自然条件调查分析为制定施工方案、技术组织措施，冬、雨期施工措施，进行施工平面规划布置等提供依据；为编制现场"七通一平"计划提供依据，如地上建筑物的拆除，高压电线路的搬迁，地下构筑物的拆除和各种管线的搬迁等工作；为减少施工危害提供依据，如在打桩前，对居民的危房和居民中的心脏病患者，采取保护性措施。

2.2.2 收集相关信息与资料

2.2.2.1 技术经济条件调查分析

技术经济条件调查分析包括地方建筑生产企业、地方资源交通运输，水、电及其他能源，主要设备、三大材料和特殊材料，以及其生产能力等调查。

2.2.2.2 其他相关信息与资料的收集

其他相关信息与资料的收集包括现行的国家有关部门制定的技术规范、规程及有关技术规定，如《建筑工程施工质量验收统一标准》（GB50300—2001）及相关专业工程施工质量验收规范，《建筑施工安全检查标准》（JGJ59—1999）及有关专业工程安全技术规范规程、《建筑工程项目管理规范》（GB/50326—2006）、《建筑工程文件归档整理规范》（GB/T50328—2001）、《建筑工程冬期施工规程》（JGJ/T104—2011）、各专业工程施工技术规范等；企业现有的施工定额、手册、类似项目工程的技术资料及平时施工实践活动中积累的资料等。这些相关信息与资料是进行施工准备工作和编制施工组织设计的依据之一，可为其提供有价值的参考。

任务 2.3 技术资料准备

2.3.1 熟悉和会审图纸

2.3.1.1 熟悉图纸阶段

1. 熟悉图纸工作的组织

熟悉图纸工作由施工单位工程项目经理部组织有关工程技术人员认真熟悉图纸、了解设计意图与建设单位要求及施工应达到的技术标准，明确工程流程。

2. 熟悉图纸的要求

熟悉图纸的要求，见表2-4。

表2-4 熟悉图纸的要求

要求	内容
先粗后细	先看平面图、立面图、剖面图，对整个工程的概貌有一个了解，对总的长度、宽度、轴线尺寸、标高、层高、总高有一个大体的印象。后看细部做法，核对总尺寸与细部尺寸、位置、标高是否相符，门窗表中的门窗型号、规格、形状、数量是否与结构相符等
先小后大	先看小样图，后看大样图。核对平面图、立面图、剖面图中标注的细部做法与大样图的做法是否相符；所采用的标准构件图集编号、类型、型号与设计图纸有无矛盾，索引符号有无漏标之处，大样图是否齐全等
先建筑后结构	先看建筑图，后看结构图。把建筑图与结构图互相对照，核对其轴线尺寸、标高是否相符，有无矛盾，核对有无遗漏尺寸、构造不合理之处
先一般后特殊	先看一般的部位和要求，后看特殊的部位和要求。特殊部位一般包括地基处理方法、变形缝的设置、防水处理要求和抗震、防火、保温、隔热、防尘、特殊装修等技术要求
图纸与说明结合	看图时，对照设计总说明和图中的细部说明，核对图纸和说明有无矛盾、规定是否明确、要求是否可行，做法是否合理等
土建与安装结合	看土建图时，有针对性地看一些安装图，核对与土建有关的安装图有无矛盾，预埋件、预留洞、槽的位置、尺寸是否一致，了解安装对土建的要求，以便在施工中协作配合
图纸要求与实际情况结合	核对图纸有无不符合施工实际之处，如建筑物的相对位置、场地标高、地质情况等，是否与设计图纸相符；一些特殊的施工工艺施工单位能否做到等

2.3.1.2 自审图纸阶段

1. 自审图纸的组织

自审图纸是由施工单位项目经理部组织各工种人员对本工种的有关图纸进行审查，掌握和了解图纸中的细节；在此基础上，由总承包单位内部的土建与水、暖、电等专业，共同核对图纸、消除差错及协商施工配合事项；总承包单位与外分包单位（如桩基础施工、装饰工程施工、设备安装施工等）在各自审查图纸基础上，共同核对图纸中的差错及协商有关施工配合问题。

2. 自审图纸的要求

（1）审查拟建工程的地点的建筑总平面图与国家、城市或地区规划是否一致，及建（构）筑物的设计功能和使用要求是否符合环卫、防火及美化城市等方面的要求。

（2）审查设计图纸是否完整齐全及设计图纸和资料是否符合国家有关技术规范要求。

（3）审查建筑、结构、设备安装图纸是否相符，有无错、漏、碰、缺，内部结构和工艺设备有无矛盾。

（4）审查地基处理与基础设计与拟建工程地点的工程、水文地质等条件是否一致，以及建（构）筑物与地下构筑物及管线之间有无矛盾；深基础的防水方案是否可行，材料设备能否解决。

（5）明确拟建工程的结构形式和特点，复核主要承重结构的承载力、刚度及稳定性是否符合要求，审查设计图纸中的形体复杂、施工难度大和技术要求高的分项（分部）工程或新结构、新材料、新工艺在施工技术和管理水平上能否满足质量和工期要求，材料、构（配）件、设备等问题能否解决。

（6）明确建设期限，分期分批投产或交付使用的顺序和时间以及工程所用的主要材料、设备的数量、规格、来源和供货日期。

（7）明确建设单位、设计单位和施工单位等之间的协作、配合关系以及建设单位可提供的施工条件。

（8）审查设计是否考虑到施工的需要，各种结构的承载力、刚度和稳定性是否满足设置内爬式、附着式、固定式塔式起重机等的要求。

2.3.1.3 图纸会审阶段

1. 图纸会审的组织

图纸会审由建设单位组织并主持，设计单位做设计交底，施工、监理单位参加。重点工程或规模较大及结构、装修较复杂的工程，如有必要时，可邀请各主管部门与相关协作单位参加，会审的程序是：设计单位做设计交底→施工单位对图纸提出问题→有关单位发表意见→与会者讨论、研究、协商，逐条解决问题，并达成共识→组织会审的单位汇总成文→各单位会签→形成图纸会审纪要→会审纪要作为与施工图纸具有同等法律效力的技术文件使用。

2. 图纸会审的要求

（1）设计是否符合国家有关方针、政策和规定。

（2）建筑设计规模、内容是否符合国家有关的技术规范要求（尤其是强制性标准的要求）是否符合环境保护和消防安全的要求。

（3）建筑平面布置是否符合核准的按建筑红线划定的详图和现场实际情况、是否提供符合要求的永久性水准点或临时水准点位置。

（4）图纸及说明是否齐全、清楚、明确。

（5）结构、建筑、设备等图纸本身及相互间是否有错误和矛盾，图纸与说明之间有无矛盾。

（6）有无特殊材料（包括新材料）要求，其品种、规格、数量能否满足要求。

（7）设计是否符合施工技术装备条件（如需采取特殊技术措施时，技术上有无困难），能否保证安全施工。

（8）地基处理及基础设计有无问题，建筑物与地下构筑物、管线之间有无矛盾。

（9）建（构）筑物及设备的各部位尺寸、轴线位置、标高、预留孔洞及预埋件、大样图及做法说明有无错误和矛盾。

2.3.2　编制中标后施工组织设计

中标后，施工组织设计是施工单位在施工准备阶段编制的指导拟建工程从施工准备到竣工验收乃至保修回访的技术经济、组织的综合性文件，也是编制施工预算、实行项目管理的依据，是施工准备工作的主要文件。施工组织设计是在投标书施工组织设计的基础上，结合所收集的原始资料和相关信息资料，根据图纸及会审纪要，按照编制施工组织设计的基本原则，综合建设单位、监理单位、设计意图的具体要求进行编制，保证建设工程好、快、省、安全、顺利的完成。

施工单位应在约定的时间内完成中标后施工组织设计的编制与自审工作，并填写施工组织设计报审表，报送项目监理机构。总监理工程师应在约定的时间内，组织专业监理工程师审查；提出审查意见后，由总监理工程师审定批准；需要施工单位修改时，由总监理工程师签发书面意见，退回施工单位修改后再报审；总监理工程师应重新审定，已审定的施工组织设计由项目监理机构报送建设单位。施工单位应按审定的施工组织设计文件组织施工，如需对其内容做较大变更，应在实施前将变更书面内容报送项目监理机构重新审定。对于规模大、结构复杂或属新结构、特种结构的工程，专业监理工程师提出审查意见后，由总监理工程师签发审查意见，必要时可与建设单位协商，组织有关专家会审。

2.3.3　编制施工预算

施工预算是施工单位根据施工合同价款、施工图纸、施工组织设计或施工方案、施工定额等文件进行编制的企业内部经济文件，直接受施工合同中合同价款的控制，是施工前的一项重要准备工作，也是施工企业内部控制各项成本支出、考核用工、签发施工任务书、限额领料、进行基层经济核算、进行经济活动分析的依据。在施工过程中，应按施工预算严格控制各项指标，以降低工程成本和提高施工管理水平。

任务 2.4 资源准备

2.4.1 劳动力组织准备

2.4.1.1 项目组织机构建设

实行项目管理的工程应建立项目组织机构即建立项目经理部。建立高效率的项目组织机构是为建设单位、项目管理目标服务的。这项工作的实施是否合理，一定程度上关系到拟建工程能否顺利进行。施工企业建立项目经理部，应针对工程特点和建设单位要求，根据有关规定进行精心组织安排，认真抓实、抓细、抓好。

（1）项目组织机构设置应遵循的原则，见表2-5。

表2-5 项目组织机构设置应遵循的原则

原则	内容
用户满意原则	施工单位应根据建设单位的要求，组建项目经理部，以使建设单位满意
全能配套原则	项目经理要安全管理、善经营、懂技术，能担任公关，且具有较强的适应与应变能力及开拓进取精神。项目经理部成员应有施工经验、创造精神、工作效率高。项目经理部应合理分工且密切协作，人员配置应满足施工项目管理的需要，如大型项目，管理人员必须有一级项目经理资质，管理人员中的高级职称人员不应低于10%
精干高效原则	施工管理机构应尽量压缩管理层次，因事设职，因职选人，做到管理人员精干、一职多能、恪尽职守，以适应市场变化要求，应避免松散、重叠、人浮于事
管理跨度原则	管理跨度过大，鞭长莫及且心有余而力不足；管理跨度过小，人员增多，造成资源浪费。因此，施工管理机构各层面设置是否合理，应看确定的管理跨度是否科学，也就是应使每一个管理层面都保持适当工作幅度，以使各层面管理人员在职责范围内实施有效的控制
系统化管理原则	建筑项目是由诸多子系统组成的有机整体，系统内部存在大量的结合部，各层次的管理职能的设计应形成一个相互制约、相互联系的完整体系

（2）项目经理部的设立步骤。

①根据企业批准的"项目管理规划大纲"，确定项目经理部的管理任务和组织形式；

②确定项目经理部的层次，设立职能部门与工作岗位；

③确定人员、职责、权限；

④由项目经理根据"项目管理目标责任书"进行目标分解；

⑤组织有关人员制定规章制度和目标责任考核、奖惩制度。

（3）项目经理部的组织形式应根据施工项目的规模、结构复杂程度、专业特点、人员素质和地域范围确定，并应符合下列规定：

①大、中型项目，应按矩阵式项目管理组织设置项目经理部；

②远离企业管理层的大、中型项目，应按事业部式项目管理组织设置项目经理部；

③小型项目，应按直线职能式项目管理组织设置项目经理部。

2.4.1.2 组织精干的施工队伍

（1）组织施工队伍应认真考虑专业工程的合理配合，技工和普工的比例应满足合理的劳动组织要求；按组织施工方式的要求，确定建立混合施工队组或是专业施工队组及其数量；组建施工队组，应坚持合理、精干的原则，并制定出工程的劳动力需用量计划。

（2）集结施工力量，组织劳动力进场。项目经理部确定之后，按照开工日期和劳动力需用量计划，组织劳动力进场。

2.4.1.3 优化劳动组合与技术培训

针对工程施工的要求，强化各工种的技术培训，优化劳动组合，应主要抓好以下几个方面的工作：

（1）针对工程施工的难点，应组织工程技术人员和工人队组中的骨干力量，进行类似的工程的考察与学习；

（2）做好专业工程技术培训，提高对新工艺、新材料使用操作的适应能力；

（3）强化质量意识，抓好质量教育，增强质量观念；

（4）工人队组应实行优化组合、双向选择、动态管理，最大限度地调动工人的积极性；

（5）认真、全面地进行施工组织设计的落实和技术交底工作。施工组织设计、计划和技术交底的目的是把施工项目的设计内容、施工计划和施工技术等要求，详细地向施工队组和工人讲解交代清楚，是落实计划和技术责任制的重要办法；

（6）切实抓好施工安全、安全防火和文明施工等方面的教育。

2.4.1.4 建立健全的各项管理制度

工地的各项管理制度是否建立与健全，直接影响其各项施工活动的进行。因此，必须建立健全工地的各项管理制度。其内容包括：项目管理人员岗位责任制度；项目技术管理制度；项目质量管理制度；项目安全管理制度；项目计划、统计与进度管理制度；项目成本核算制度；项目材料、机械设备管理制度；项目现场管理制度；项目分配与奖励制度；项目例会及施工日志制度；项目分包及劳务管理制度；项目组织协调制度；当项目信息管理制度。项目经理部自行制定的规章制度与企业现行的有关规定不一致时，应报送企业或其授权的职能部门审批。

2.4.1.5　做好分包安排

对于企业自身难以完成的一些专业项目，如深基础开挖和支护、大型结构安装和设备安装等项目，应做好分包或劳务安排，与有关单位协调，签订分包或劳务合同，保证按计划施工。

2.4.1.6　组织好科研攻关

工程中采用带有试验性质的一些新材料、新产品、新工艺项目时，应在建设单位、主管部门的参加下，组织有关设计、科研、教学单位共同进行科研攻关；应明确相互的试验项目、工作步骤、时间要求、经费来源和职责。所有的科研项目，必须经过技术鉴定才能用于施工。

2.4.2　物资准备

2.4.2.1　材料准备

（1）根据施工方案中的施工进度计划和施工预算中的工料分析，编制工程所需材料用量计划，并将其作为备料、供料和确定仓库、堆场面积及组织运输的依据。

（2）根据材料需用量计划，做好材料的申请、订货和采购工作，使计划得到落实。

（3）组织材料按计划进场，应按施工平面图和相应位置堆放，并做好合理储备和保管工作。

（4）严格验收、检查、核对材料的数量和规格，做好材料试验和检验工作，保证施工质量。

2.4.2.2　构（配）件及设备加工订货准备

（1）对于根据施工进度计划及施工预算所提供的各种构（配）件及设备数量，做好加工翻样工作，并编制相应的需用量计划；

（2）根据需用计划向有关厂家提出加工订货计划要求，并签订订货合同；

（3）组织构（配）件和设备按计划进场，按施工平面布置图做好存放及保管工作。

2.4.2.3　施工机具准备

（1）各种土方机械、混凝土及砂浆搅拌设备、垂直及水平运输机械、钢筋加工设备、木工机械、焊接设备、打夯机及排水设备等，应根据施工方案对施工机具配备的要求、数量以及施工进度的安排，编制施工机具需用量计划。

（2）对由企业内部负责供应的施工机具，应根据需用量计划组织落实，确保按期供应。

（3）对施工企业缺少且需要的施工机具，应与有关单位签订订购和租赁合同，以确保施工需要。

（4）对大型施工机械（如塔式起重机、挖土机、桩基础设备等）的需求量和需求时间，应与有关单位（如专业分包单位）联系，提出要求，落实后签订分包合同，并为大型机械按期进场做好与现场有关的准备工作。

（5）对需要安装、调试的施工机具，应按照施工机具需用量计划组织进场，根据施工总平面图将施工机具安置在规定的地方或仓库。施工机具应进行就位、搭棚、拉接电源、保养、调试工作，所有施工机具均应在使用前进行检查和试运转。

2.4.2.4　生产工艺设备准备

一些庞大设备的安装常要与土建施工穿插进行，如果土建全部完成或封顶，安装设备会有困难，故各种生产工艺设备的交货时间应与其安装时间密切配合，否则将直接影响建设工期。准备时，应按照施工项目工艺流程及工艺设备的布置图，提出工艺设备的名称、型号、生产能力和需用量，确定分期、分批进场时间和保管方式，编制生产工艺设备需用量计划，为组织运输、确定堆场面积提供依据。

2.4.2.5　运输准备

（1）根据上述四项需用量计划，编制运输需用量计划，并组织落实运输工具。

（2）根据上述四项需用量计划，明确进场日期，联系和调配所需运输工具，确保材料、构（配）件和机具设备如期进场。

2.4.2.6　强化施工物资价格管理

（1）建立市场信息制度，定期收集、披露市场物资价格信息，提高透明度。

（2）在市场价格信息指导下，货比三家，择优进货；对大宗物资的采购应采取招标采购的方式，在保证物资质量和工程质量的前提下，降低成本、提高效益。

任务 2.5　施工现场准备

2.5.1　现场准备工作的范围及各方职责

2.5.1.1　建设单位施工现场准备工作

（1）开展土地征用、拆迁补偿、平整施工场地等工作，使施工场地具备施工条件，在开工后继续负责解决以上事项的遗留问题。

（2）将施工所需水、电、电信线路从施工场地外部接至专用条款所约定的地点，保证满足施工的需要。

（3）打通施工场地与城乡公共道路的通道，以及专用条款所约定的施工场地内的主要道路，满足施工运输的要求，保证施工的畅通。

（4）向承包人提供施工场地的工程地质和地下管线资料，对所提供资料的真实准确性负责。

（5）办理施工许可证及其他施工所需证件、批件和临时用地、停水、停电、中断道路交通、爆破作业等的申请批准手续（证明承包人自身资质的证件除外）。

（6）确定水准点与坐标控制点，以书面形式交给承包人，进行现场交验。

（7）协调处理施工场地周围的地下管线和邻近建（构）筑物（包括文物保护建筑）、古树名木的保护工作，并承担有关费用。

上述施工现场准备工作，承、发包双方可在合同专用条款内交由施工单位完成，其费用由建设单位承担。

2.5.1.2 施工单位现场准备工作

施工单位现场准备工作即室外准备，施工单位应按合同条款中约定的内容和施工组织设计的要求完成以下工作：

（1）根据工程需要，提供和维修非夜间施工使用的照明、围护设施，并负责安全保卫；

（2）按专用条款约定的数量和要求，向发包人提供施工场地办公和生活的场所及设施，由此产生的费用由发包人承担；

（3）遵守政府有关主管部门对施工场地交通、噪声以及环境保护和安全生产等的管理规定，按规定办理相关手续，并以书面形式通知发包人，发包人承担由此产生的费用，因承包人的责任造成的罚款除外；

（4）按专用条款的约定，做好施工场地地下管线和邻近建（构）筑物（包括文物保护建筑）、古树名木的保护工作；

（5）保证施工场地卫生情况符合环境卫生管理的有关规定；

（6）建立测量控制网；

（7）工程用地范围内的"七通一平"，其平整场地工作应由其他单位承担，建设单位也可要求施工单位完成，由此产生的费用由建设单位承担；

（8）搭设现场生产和生活用的临时设施。

2.5.2 拆除障碍物

（1）施工现场内的地上、地下障碍物均应在工程开工前拆除，这项工作可由建设单位完成，也可由建设单位委托施工单位完成。如由施工单位完成这项工作，应事先摸清现场情况，尤其是在城市的老区中，原有建（构）筑物情况复杂且资料不全，因此在拆除前应采取相应的措施，防止发生事故。

（2）对于房屋的拆除，一般只要把水源、电源切断后即可进行。但如果房屋规模较大、较坚固，须采用爆破方法时，必须经有关部门批准，由专业的爆破作业人员完成。

（3）架空电线（电力、通信）、地下电缆（包括电力、通信）的拆除，应与电力或通信部门联系，办理有关手续后方可进行。

（4）自来水、污水、燃气、热力等管线的拆除，应与有关部门取得联系，办好手续后由专业公司完成。

（5）场地内若有树木，须经园林部门批准后方可砍伐。

（6）拆除障碍物留下的渣土等杂物应清除出场外。运输时，应遵守交通、环保部门的有关规定，运输的车辆应按指定的路线和时间行驶，并采取封闭运输车或在渣土上洒水等措施，避免渣土飞扬、污染环境。

2.5.3 建立测量控制网

建筑施工工期较长、现场情况变化大，因此保证控制网点的稳定、正确是保证建筑施工质量的先决条件。尤其是在城区建设时，障碍多、通视条件差，给测量工作带来一定的难度。施工时，应根据建设单位提供的由规划部门测定的永久性坐标和高程，按建筑总图上的要求，进行控制网点的现场测量，妥善设立现场永久性标桩，为施工全过程的投测创造条件。控制网一般采用方格网，网点的位置应根据工程范围的大小和控制精度而定。建筑方格网多由 100～200 m 的正方形或矩形组成，如土方工程需要，应测绘地形图，通常由专业测量队完成；施工单位还应根据施工的具体要求，做加密网点等补充工作。

测量放线时，应校验和校正经纬仪、水准仪、钢尺等测量仪器；校核结线桩与水准点，制定切实可行的测量方案，包括平面控制、标高控制、沉降观测和竣工测量等工作。

建筑物定位放线是用设计图中平面控制轴线确定建筑物位置，测定并经自检合格后提交有关部门和建设单位或监理人员验线，以保证定位的准确性。建筑物沿红线放线后，还应由城市规划部门验线，以防止建筑物压红线或超红线，为正常、顺利施工创造条件。

2.5.4 "七通一平"

"七通一平"的内容，见表2-6。

表2-6 "七通一平"的内容

项目	内容
道路通	施工现场的道路是组织物资进场的动脉。工程开工前，应按照施工总平面图的要求，修建必要的临时道路。为节约临时工程费用，缩短施工准备工作时间，应尽量利用原有道路设施或拟建永久性道路解决现场道路问题，形成畅通的运输网络，使现场施工道路的布置合理，确保运输和消防用车等的行驶畅通。临时道路的等级可根据交通流量和所用车辆确定
供水通	施工用水包括生产、生活与消防用水，应按施工总平面图的规划进行安排，施工给水应与永久性的给水系统结合起来。临时管线的铺设既要满足施工用水的需用量，又要施工方便，且要尽量缩短管线的长度，以降低工程的成本

续表

项目	内容
排水通	施工现场的排水也十分重要，特别在雨期，如场地排水不畅，会影响到施工和运输的顺利进行。高层建筑的基坑深、面积大，施工期间若会经过雨期，就应做好基坑周围的挡土支护工作，防止坑外雨水向坑内汇流，并应做好基坑底部雨水的排放工作
排污通	施工现场的污水排放直接影响到城市的环境卫生。由于环境保护的要求，有些污水不能直接排放，需进行处理后方可排放。因此，现场的排污也是一项重要的工作
供电通	电是施工现场的主要动力来源。施工现场中，电包括施工生产用电和生活用电。建筑工程施工供电面大、起动电流大、负荷变化多和手持式用电机具多，因此施工现场临时用电应考虑安全和节能措施
通信通	工程开工前，应按照施工组织设计的要求，接通电力和电信设施，电源应考虑从建设单位给定的电源上获得，如其供电能力不能满足施工用电需要，则应考虑在现场建立自备发电系统，确保施工现场动力设备和通信设备的正常运行
蒸气及燃气通	施工中如需要蒸气、燃气，应按照施工组织设计的要求进行安排，以保证施工的顺利进行
场地平整	清除障碍物后，即可进行场地平整工作，按照建筑施工总平面、勘测地形图和场地平整施工方案等技术文件的要求，通过测量，计算填挖土方工程量，设计土方调配方案，确定平整场地的施工方案，组织人力和机械进行平整场地的工作。应尽量做到挖、填方量平衡，总运输量最小，便于机械施工和充分利用建筑物挖方、填土，并应避免用地表土、软润土层、草皮、建筑垃圾等做填方材料

2.5.5 搭设临时设施

现场生活和生产用的临时设施，应按照施工平面布置图的要求进行，临时建筑平面图及主要房屋结构图均应报请城市规划、市政、消防、交通、环境保护等有关部门的审查批准。

为了行人的安全及文明、方便地施工，应用围墙将施工用地围护起来。围墙的形式、材料和高度应符合有关市容管理的相关规定和要求，并在其主要出入口设置标牌挂图，标明工程项目名称、施工单位、项目负责人等。

所有生产及生活所用的临时设施包括各种仓库、搅拌站、加工厂作业棚、宿舍、办公用房、食堂、生活设施等，均应按所批准的施工组织设计的要求组织搭设，并应利用施工现场或附近原有设施（包括要拆迁但可暂时利用的建筑物）和在建工程本身供施工使用的部分用房，减少临时设施的数量，以便节约用地、节省投资。

任务 2.6　季节性施工准备

2.6.1　冬期施工准备

2.6.1.1　组织措施

（1）合理安排施工进度计划。冬期施工时，条件差、技术要求高、费用增加，因此应合理安排施工进度计划，保证施工质量且费用增加不多的项目在冬期施工，如吊装、打桩、室内装饰装修等工程；费用增加较多又不易保证施工质量的项目，则不宜安排在冬期施工，如土方、基础、外装修、屋面防水等工程。

（2）进行冬期施工的工程项目在入冬前应组织编制冬期施工方案，结合工程实际及施工经验等进行，可依据《建筑工程冬期施工规程》（JGJ104-97）的规定进行编制。编制的原则是：确保工程质量、经济合理，使增加的费用最少；所需的热源和材料有可靠的来源，且应减少能源消耗；确保可缩短工期。冬期施工方案包括：施工程序，施工方法，现场布置，设备、材料、能源、工具的供应计划，安全防火措施，测温制度和质量检查制度等。冬期施工方案确定后，应组织有关人员学习，并向队组进行交底。

（3）组织人员培训。进入冬期施工前，应对掺外加剂人员、测温保温人员、锅炉司炉工和火炉管理人员进行技术业务培训，学习工作范围内的有关知识，明确职责，经考试合格后，方可上岗工作。

（4）与当地气象台保持联系，及时接收天气预报，防止寒流突然来袭。

（5）安排专人测量施工期间的室外气温、暖棚内气温、砂浆温度、混凝土的温度，并做好有关记录。

2.6.1.2　图纸准备

进行冬期施工的工程项目应复核施工图纸，检查其是否能适应冬期施工要求，如墙体的高厚比、横墙间距等有关的结构稳定性，及工程结构能否在寒冷状态下安全过冬等问题，并通过图纸会审解决。

2.6.1.3　现场准备

（1）根据实物工程量提前组织有关机具、外加剂和保温材料、测温材料进场。

（2）搭建加热用的锅炉房、搅拌站、敷设管道，对锅炉进行试火、试压，对各种加热的材料、设备进行检查，确保其安全可靠。

（3）计算变压器容量，接通电源。

（4）对工地的临时给水排水管道及石灰膏等材料做好保温防冻工作，防止道路积水成冰，及时清扫积雪，保证车辆运输顺利。

（5）做好冬期施工混凝土、砂浆及外加剂的试配、试验工作，提出施工配合比。

（6）做好室内施工项目的保温，如完成供热系统、安装门窗玻璃等，保证室内的其他项目能顺利施工。

2.6.1.4 安全与防火

（1）冬期施工时，要采取防滑措施。

（2）雪后必须将架子上的积雪打扫干净，并检查马道平台，如有松动下沉现象，必须及时进行处理。

（3）施工时，如接触气源、热水，要防止烫伤；使用氯化钙、漂白粉时，要避免腐蚀皮肤。

（4）亚硝酸钠有剧毒，要加强保管，防止突发性误食中毒。

（5）对现场火源要加强管理，使用天然气、煤气时，要防止爆炸；使用焦炭炉、煤炉或天然气、煤气时，应注意通风换气，防止中毒。

（6）电源开关、控制箱等设施要加锁，并设专人负责管理，防止漏电、触电。

2.6.2 雨期施工准备

2.6.2.1 合理安排雨期施工

为避免雨期窝工造成损失，一般情况下，在雨期到来前，应尽量完成基础、地下工程、土方工程、室外及屋面工程等不宜在雨期施工的项目，多留些室内工作，以便在雨期施工。

2.6.2.2 加强施工管理，做好雨期施工的安全教育

认真编制雨期施工技术措施（如雨期前后的沉降观测措施，保证防水层雨期施工质量的措施，保证混凝土配合比、浇筑质量的措施和钢筋除锈的措施等），认真组织贯彻实施。加强对职工的安全教育，防止各种事故的发生。

2.6.2.3 防洪排涝，做好现场排水工作

工程地点若在河流附近且上游有大面积山地丘陵，应做好防洪排涝准备。

施工现场雨期到来前，应做好排水沟渠的开挖，准备好抽水设备，防止因场地内积水和地沟、基槽、地下室等浸水而对工程项目造成损害。

2.6.2.4 做好道路维护，保证运输畅通

雨期到来前，检查道路边坡排水，适当垫高路面，防止路面凹陷，保证运输畅通。

2.6.2.5　做好物资的储存

雨期到来前，应多储存物资，减少雨期运输量，节约费用。准备必要的防雨器材，库房四周应有排水沟渠，防止物资因淋雨、浸水而变质，仓库应做好地面防潮、屋面防漏雨的工作。

2.6.2.6　做好机具设备等防护工作

雨期施工时，应对现场的各种设施、机具加强检查，如脚手架、垂直运输设施等，应采取防倒塌、防雷击、防漏电等一系列技术措施，现场机具设备（焊机、闸箱等）应有防雨措施。

2.6.3　夏季施工准备

2.6.3.1　编制夏季施工项目的施工方案

夏季施工条件差、气温高、干燥，针对这些特点，对安排在夏季施工的项目应编制夏季施工项目的施工方案及所要采取的技术措施。如大体积混凝土在夏季施工应合理选择浇筑时间，做好测温和养护工作，保证大体积混凝土的施工质量。

2.6.3.2　现场防雷装置的准备

夏季经常有雷雨，因此工地现场应有防雷装置，特别是高层建筑和脚手架等。应按规定搭设临时避雷装置，确保工地现场用电设备的安全运行。

2.6.3.3　施工人员防暑降温工作的准备

夏季施工，应做好施工人员的防暑降温工作，调整作息时间；高温场所及通风不良的地方应加强通风和降温措施，做到安全施工。

任务 2.7　施工准备工作计划和开工报告

2.7.1　施工准备工作计划

编制出施工准备工作计划表，见表2-7。

表 2-7　施工准备工作计划表

序号	施工准备工作	简要内容	要求	负责单位	负责人	配合单位	起止时间		备注
							月 日	月 日	

由于各项施工准备工作不是可分离、孤立的，而是互相补充、配合的，因此为提高施工准备工作的质量，加快施工准备工作的速度，除应用表 2-7 所编制的施工准备工作计划外，还可采用编制施工准备工作网络计划的方法，明确各项准备工作间的逻辑关系，找出关键线路，并在网络计划图上进行施工准备工期的调整，尽量缩短准备工作的时间，使各项工作有领导、有组织、有计划和分期、分批地进行。

2.7.2　开工条件

2.7.2.1　国家计委关于基本建设大中型项目开工条件的规定

（1）项目法人已经设立；项目组织管理机构和规章制度建立健全；项目经理和管理机构成员已经到位；项目经理经过培训，具备承担项目施工工作的资质条件。

（2）项目初步设计及总概算已得到批复。若项目总概算批复时间至项目申请开工时间超过两年以上（含两年），或自批复时间至开工时间内动态因素变化大，总投资超出原批复概算 10% 以上的，须重新核定其项目总概算。

（3）项目资本金和其他建设资金已经落实，资金来源符合国家有关规定，承诺手续完备，并经审计部门认可。

（4）项目施工组织设计大纲已经编制完成。

（5）项目主体工程（或控制性工程）的施工单位已通过招标选定，施工承包合同已经签订。

（6）项目法人与项目设计单位已签订设计图纸交付协议。项目主体工程（或控制性工程）的施工图纸至少可以满足连续三个月施工的需要。

（7）项目施工监理单位已通过招标选定。

（8）项目征地、拆迁的施工场地"七通一平"（即供电、供水、道路、通信、燃气、排水、排污和场地平整）工作已经完成，签订有关外部配套生产条件的协议。项目主体工程（或控制性工程）施工准备工作已经做好，具备连续施工的条件。

（9）项目建设需要的主要设备和材料已经订货，项目所需建筑材料已落实来源和运输条件，并已储备好连续施工三个月的材料用量。针对需要进行招标采购的设备、材料，其招标组织机构已落实采购计划与工程进度相衔接的方法。

2.7.2.2　工程项目开工条件的规定

依据《建设工程监理规范》（GB50319—2000），工程项目开工前，施工准备工作具备以下条件时，施工单位应向监理单位报送工程开工报审表及开工报告、证明文件等，由总监理工程师签发，并报送建设单位。

（1）施工许可证已获政府主管部门批准。

（2）征地拆迁工作满足工程进度的需要。

（3）施工组织设计已得到总监理工程师批准。

（4）施工单位现场管理人员已到位，机具、施工人员已进场，主要工程材料已落实。

（5）进场道路及水、电、通风情况等已满足开工要求。

思考题

2-1　施工准备工作的重要性有哪些？

2-2　技术资料准备中熟悉图纸阶段熟悉图纸的要求有哪些？

2-3　"七通一平"的内容是什么？

2-4　雨期施工的准备有哪些？

项目 3　流水施工原理

任务 3.1　基本概念

3.1.1　流水施工

3.1.1.1　组织施工方式的特点

1. 依次施工方式的特点

（1）没有充分利用工作面进行施工，工期长。

（2）若按专业成立工作队，则各专业队不能连续作业，时间间歇，劳动力及施工机具等资源无法均衡使用。

（3）若由一个工作队完成全部施工任务，则不能实现专业化施工，不利于提高劳动生产率和工程质量。

（4）单位时间内投入的劳动力、施工机具、材料等资源较少，有利于资源供应的组织；

（5）施工现场的组织、管理比较简单。

2. 平行施工方式的特点

（1）充分利用工作面进行施工，工期短。

（2）若每一个施工对象均按专业成立工作队，则各专业队不能连续作业，劳动力及施工机具等资源无法均衡使用。

（3）若由一个工作队完成一个施工对象的全部施工任务，则不能实现专业化施工，不利于提高劳动生产率和工程质量。

（4）单位时间内投入的劳动力、施工机具、材料等资源量成倍地增加，不利于资源供应的组织。

（5）施工现场的组织、管理比较复杂。

3. 流水施工方式的特点

（1）尽可能地利用工作面进行施工，工期较短。

（2）各工作队实现了专业化施工，有利于提高技术水平和劳动生产率，也有利于提高工程质量。

（3）专业工作队能连续施工，使相邻专业队的开工时间能够最大限度地搭接。

（4）单位时间内投入的劳动力、施工机具、材料等资源较为均衡，有利于资源供应的组织。

（5）为施工现场的文明施工和科学管理创造了有利条件。

3.1.1.2 流水施工的技术经济效果

通过比较三种施工方式可以看出，流水施工是一种先进、科学的施工方式。由于在工艺过程划分、时间安排和空间布置上进行统筹安排，流水施工将会体现出优越的技术经济效果，见表 3-1。

表 3-1 流水施工的技术经济效果

项目	内容
施工工期较短，可以尽早提高投资效益	流水施工的节奏性、连续性可加快各专业队的施工进度，减少时间间隔。特别是相邻专业队在开工时间上可以最大限度地进行搭接，充分利用工作面，做到尽早地开始工作，从而达到缩短工期的目的，使工程可尽快交付使用或投产，获得经济效益和社会效益
实现专业化生产，可以提高施工技术水平和劳动生产率	流水施工建立了合理的劳动组织，使各工作队实现了专业化生产，工人连续作业、操作熟练，便于不断改进操作方法和施工机具，从而提高施工技术水平和劳动生产率
连续施工，可以充分发挥施工机械和劳动力的生产效率	流水施工组织合理，工人连续作业，没有窝工现象，机械闲置时间短，增加了有效劳动时间，从而使施工机械和劳动力的生产效率得到提高
提高工程质量，可以增加建设工程的使用寿命和节约使用过程中的维修费用	由于流水施工实现了专业化生产，工人技术水平高，而且各专业队之间紧密地搭接作业，相互监督，可以使工程质量得到提高。因此，可以延长建设工程的使用寿命，也可以减少建设工程使用过程中的维修费用
降低工程成本，可以提高承包单位的经济效益	流水施工资源消耗均衡，便于组织资源供应，使资源储存合理、利用充分，可以减少各种不必要的损失，节约材料费；流水施工生产效率高，可以节约人工费和机械使用费；流水施工降低了施工高峰人数，使材料、设备得到合理供应，可以减少临时设施工程费；流水施工工期较短，可以减少企业管理费。工程成本的降低，可以提高承包单位的经济效益

3.1.1.3 流水施工的表达方式

1. 流水施工的横道图表示法

某基础工程流水施工的横道图表示法如图 3-1 所示。图中的横坐标表示流水施工的持续时间；纵坐标表示流水施工过程的名称或编号；n 条带有编号的水平线段表示 n 个施工过程或专业工作队的施工进度安排，其编号①、②、③、④表示不同的施工段。

施工过程	施工进度（天）						
	2	4	6	8	10	12	14
挖基槽	①	②	③	④			
作垫层		①	②	③	④		
砌基础			①	②	③	④	
回填土				①	②	③	④

图 3-1　流水施工横道图表示法

横道图表示法的优点是：绘图简单，施工过程及其先后顺序表达清楚，时间和空间状况形象、直观，使用方便，被广泛用于表达施工进度计划。

2. 流水施工的垂直图表示法

某基础工程流水施工的垂直图表示法如图 3-2 所示。图中的横坐标表示流水施工的持续时间；纵坐标表示流水施工所处的空间位置，即施工段的编号；n 条斜向线段表示 n 个施工过程或专业工作队的施工进度。

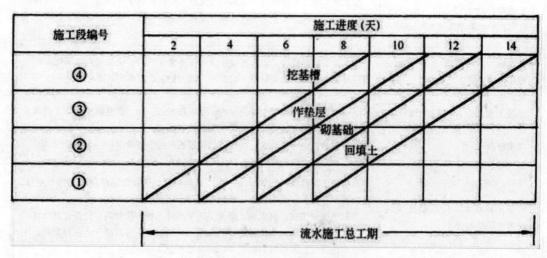

图 3-2　流水施工垂直图表示法

垂直图表示法的优点是：施工过程及其先后顺序表达清楚，时间和空间状况形象、直观。斜向进度线的斜率可以直观表示出各施工过程的进度，但其编制实际工程进度计划不如横道图表示法方便。

3.1.2 流水施工参数

3.1.2.1 工艺参数

工艺参数是指在组织流水施工时，用来表达流水施工在施工工艺方面进展状态的参数，包括施工过程和流水强度两个参数。

1. 施工过程

组织建设工程流水施工时，根据施工组织及计划安排的需要，将计划任务划分成的子项称为施工过程，施工过程划分的粗细程度因实际需要而定。当编制控制性施工进度计划时，组织流水施工的施工过程可以划分得粗一些，施工过程可以是单位工程，也可以是分部工程；当编制实施性施工进度计划时，施工过程可以划分得细一些，施工过程可以是分项工程，也可以是将分项工程按照专业工种不同分解而成的施工工序。

施工过程的数目一般用 n 表示，是流水施工的主要参数之一。根据其性质和特点的不同，施工过程一般可分为三类，见表3-2。

表3-2 施工过程分类

分类	内容
建造类施工过程	指在施工对象的空间上直接进行砌筑、安装与加工，最终形成建筑产品的施工过程，是建设工程施工中占有主导地位的施工过程，如建（构）筑物的地下工程、主体结构工程、装饰工程等
运输类施工过程	指将建筑材料、各类构（配）件、成品、制品和设备等运到工地仓库或施工现场使用地点的施工过程
制备类施工过程	指为提高建筑产品生产的工厂化、机械化程度和生产能力而形成的施工过程，如砂浆、混凝土、各类制品、门窗等的制备过程和混凝土构件的预制过程

2. 流水强度

流水强度是指流水施工的某施工过程（专业工作队）在单位时间内所完成的工程量，也称流水能力或生产能力。如浇筑混凝土施工过程的流水强度是指每个工作班，浇筑的混凝土立方数。

流水强度可用下式计算求得：

$$V = \sum_{i=1}^{X} R_i S_i \tag{3-1}$$

式中　V——某施工过程（专业工作队）的流水强度；

　　　R_i——投入该施工过程中的第 i 种资源量（施工机械台数或工人数）；

　　　S_i——投入该施工过程中第 i 种资源的产量定额；

　　　X——投入该施工过程中的资源种类数。

3.1.2.2 空间参数

空间参数是指在组织流水施工时，用来表达流水施工在空间布置上开展状态的参数，通常包括工作面和施工段。

1. 工作面

工作面是指供某专业工种的工人或某种施工机械进行施工的活动空间。工作面的大小，表明可安排施工人数或机械台数的多少；每个作业工人或每台施工机械所需工作面的大小，取决于单位时间内其完成的工程量和安全施工的要求。工作面确定得合理与否，直接影响专业工作队的生产效率。因此，必须确定合理的工作面。

2. 施工段

施工段是将施工对象在平面或空间上划分成若干个劳动量大致相等的施工段落。施工段的数目一般用 m 表示，是流水施工的主要参数之一。

（1）划分施工段是为了组织流水施工。建设工程体型庞大，因此可以将其划分成若干个施工段，从而为组织流水施工提供足够的空间。在组织流水施工时，专业工作队完成一个施工段的任务后，遵循施工组织的顺序到另一施工段上作业，产生连续流动施工的效果。在一般情况下，一个施工段在同一时间内，只可安排一个专业工作队施工，各专业工作队应遵循施工工艺顺序依次投入作业，同一时间内在不同的施工段上平行施工，使流水施工均衡地进行。组织流水施工时，可以划分足够数量的施工段，充分利用工作面，避免窝工，以缩短工期。

（2）划分工段的原则。施工段内的施工任务由专业工作队依次完成，因而两个施工段间易形成施工缝。同时，施工段数量的多少将直接影响流水施工的效果。为使施工段划分得合理，应遵循下列原则：

①同一专业工作队在各个施工段的劳动量应大致相等，相差幅度不宜超过 10%～15%；

②每个施工段内应有足够的工作面，保证相应数量的工人、主导施工机械的生产效率，满足合理劳动组织的要求；

③施工段的界限应与结构界限（如沉降缝、伸缩缝等）吻合，或设置在对建筑结构整体性影响小的部位，保证建筑结构的整体性；

④施工段的数目应满足合理组织流水施工的要求。施工段过多，会降低施工速度，延长工期；施工段过少，不利于充分利用工作面，可能造成窝工；

⑤对多层建（构）筑物或需分层施工的工程，应先分施工段，再分施工层。各专业工作队依次完成第一施工层中各施工段任务后，转入第二施工层的施工段上作业。依此类推，确保相应专业队在施工段与施工层之间，组织连续、均衡、有节奏的流水施工。

3.1.2.3 时间参数

时间参数是指在组织流水施工时，用来表达流水施工在时间安排上所处状态的参数，包括流水节拍、流水步距和流水施工工期等。

1. 流水节拍

流水节拍是指在组织流水施工时，某个专业工作队在一个施工段上的施工时间。第 j 个专业工作队在第 i 个施工段的流水节拍一般用 $t_{j,i}$ 表示（$j=1, 2, \cdots, n$；$i=1, 2, \cdots, m$）。

流水节拍是流水施工的主要参数之一，其表明流水施工的速度和节奏性。流水节拍小，其流水速度快，节奏感强；反之则相反。流水节拍决定着单位时间的资源供应量，同时，流水节拍也是区别流水施工组织方式的特征参数。

同一施工过程的流水节拍主要由所采用的施工方法、机械以及在工作面允许的前提下投入施工的作业人数、机械台班数量和采用的工作班次等因素确定。为均衡施工和减少转移施工段时消耗的工时，可适当调整流水节拍，其数值宜为半个班的整数倍。

（1）定额计算法

如果已有定额标准时，可按下式确定流水节拍。

$$t_{j,i} = \frac{Q_{j,i}}{S_j R_j N_j} = \frac{P_{j,i}}{R_j N_j} \tag{3-2}$$

或

$$t_{j,i} = \frac{Q_{j,i} H_j}{R_j N_j} = \frac{P_{j,i}}{R_j N_j} \tag{3-3}$$

式中　$t_{j,i}$——第 j 个专业工作队在第 i 个施工段的流水节拍；

$Q_{j,i}$——第 j 个专业工作队在第 i 个施工段要完成的工程量或工作量；

S_j——第 j 个专业工作队的计划产量定额；

H_j——第 j 个专业工作队的计划时间定额；

$P_{j,i}$——第 j 个专业工作队在第 i 个施工段需要的劳动量或机械台班数量；

R_j——第 j 个专业工作队所投入的人工数或机械台班数量；

N_j——第 j 个专业工作队的工作班次。

如果根据工期要求采用倒排进度的方法确定流水节拍，可用式（3-2）或式（3-3）反算出所需要的作业人数或机械台班数量，必须检查劳动力、材料和施工机械数量以及工作面的大小是否足够作业等。

（2）经验估算法

对采用新结构、新工艺、新方法和新材料等没有定额可循的工程项目，可根据施工经验估算流水节拍。

2. 流水步距

流水步距是指组织流水施工时，相邻两个施工过程（或专业工作队）开始施工的最小间隔时间。流水步距一般用 $K_{j,j+1}$ 表示，j（$j=1$，2，…，$n-1$）为专业工作队或施工过程的编号，是流水施工的主要参数之一。

流水步距的数目取决于参加流水的施工过程数。若施工过程数为 n 个，则流水步距的总数为 $n-1$ 个。

流水步距的大小取决于相邻两个施工过程（或专业工作队）在各个施工段上的流水节拍及流水施工的组织方式。确定流水步距时，应满足以下基本要求：

（1）各施工过程按各自流水速度施工，保持工艺先后顺序；

（2）各施工过程（专业工作队）投入施工后，尽量保持连续作业；

（3）相邻两个施工过程（或专业工作队）在满足连续施工的条件下，宜最大限度地实现合理搭接。

根据以上基本要求，不同的流水施工组织形式可以采用不同的方法确定流水步距。

3. 流水施工工期

流水施工工期是指从第一个专业工作队投入流水施工开始，到最后一个专业工作队完成流水施工为止的整个持续时间。由于一项建设工程包括诸多流水施工队组，故流水施工工期不是整个工程的总工期。

3.1.3 流水施工的基本组织方式

在流水施工中，流水节拍的规律不同，故流水步距、流水施工工期的计算方法等也不同，从而影响各个施工过程的专业工作队数目。因此，有必要按照流水节拍的特征将流水施工进行分类，如图3-3所示。

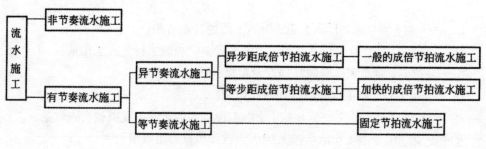

图3-3　流水施工分类图

3.1.3.1 有节奏流水施工

有节奏流水施工是指在组织流水施工时，每一个施工过程在各个施工段上的流水节拍都相等的流水施工，可分为等节奏流水施工和异节奏流水施工。

1. 等节奏流水施工

等节奏流水施工是指在有节奏流水施工中，各施工过程的流水节拍相等的流水施工，也称为固定节拍流水施工或全等节拍流水施工。

2. 异节奏流水施工

异节奏流水施工是指在有节奏流水施工中，各施工过程的流水节拍各自相等，而不同施工过程之间的流水节拍不相等的流水施工。在组织异节奏流水施工时，可采用等步距和异步距两种方式，见表3-3。

表3-3　异节奏流水施工

类型	内容
等步距异节奏流水施工	指在组织异节奏流水施工时，按每个施工过程流水节拍之间的比例关系，成立相应数量的专业工作队而进行的流水施工，也称为加快的成倍节拍流水施工
异步距异节奏流水施工	指在组织异节奏流水施工时，每个施工过程成立一个专业工作队，由其完成各施工段任务的流水施工，也称为一般的成倍节拍流水施工

3.1.3.2　无节奏流水施工

无节奏流水施工是指在组织流水施工时，全部或部分施工过程在各个施工段上的流水节拍不相等的流水施工，是流水施工中最常见的一种施工形式。

任务 3.2　有节奏流水施工

3.2.1　固定节拍流水施工

3.2.1.1　固定节拍流水施工的特点

（1）所有施工过程，在各个施工段上的流水节拍均相等。

（2）相邻施工过程的流水步距相等，且流水节拍相等。

（3）专业工作队数等于施工过程数，即每一个施工过程成立一个专业工作队，由该专业工作队完成相应施工过程所有施工段上的任务。

（4）各个专业工作队在各施工段上能够连续作业，施工段间没有间歇时间。

3.2.1.2　固定节拍流水施工

（1）有间歇时间的固定节拍流水施工。间歇时间是指相邻两个施工过程由于施工工艺或组织安排需要增加的额外等待时间，包括工艺间歇时间（$G_{j, j+1}$）和组织间歇时间（$Z_{j, j+1}$）。对有间歇时间的固定节拍流水施工，其流水施工工期 T 可按下式计算：

$$T = (n - 1)\, t + \sum G + \sum Z + mt$$
$$= (m + n - 1)\, t + \sum G + \sum Z \tag{3-4}$$

某分部工程流水施工计划，如图3-4所示。

图3-4　有间歇时间的固定节拍流水施工进度计划

在该计划中，施工过程数目 $n=4$；施工段数目 $m=4$；流水节拍 $t=2$；流水步距 $K_{I,II}=K_{II,III}=K_{III,IV}=t=2$；组织间歇 $Z_{I,II}=Z_{II,III}=Z_{III,IV}=0$；工艺间歇 $G_{I,II}=G_{III,IV}=0$，$G_{II,III}=1$，其流水施工工期为：

$$T = (m+n-1)\,t + \sum G + \sum Z$$
$$= (4+4-1) \times 2 + 1 + 0$$
$$= 15\ \text{天}$$

（2）有提前插入时间的固定节拍流水施工。提前插入时间是指相邻两个施工过程间在同一施工段上共同作业的时间，在工作面允许和资源有保证的前提下，专业工作队提前插入施工段内，可以缩短流水施工工期。对有提前插入时间的固定节拍流水施工，其流水施工工期 T 可按下式计算：

$$T = (n-1)\,t + \sum G + \sum Z - \sum C + mt \qquad (3-5)$$
$$= (m+n-1)\,t + \sum G + \sum Z - \sum C$$

某分部工程流水施工计划，如图 3-5 所示。

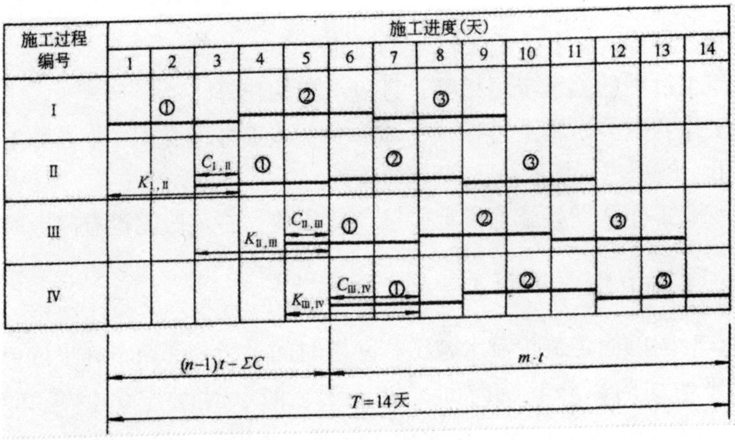

图 3-5　有提前插入时间的固定节拍流水施工进度计划

在该计划中，施工过程数目 $n=4$；施工段数目 $m=3$；流水步距 $K_{I,II}=K_{II,III}=K_{III,IV}=t=3$；组织间歇 $Z_{I,II}=Z_{II,III}=Z_{III,IV}=0$；工艺间歇 $G_{I,II}=G_{II,III}=G_{III,IV}=0$；提前插入时间 $C_{I,II}=C_{II,III}=1$，$C_{III,IV}=2$，其流水施工工期为：

$$T = (n-1)\,t + \sum G + \sum Z - \sum C + mt$$
$$= (4-1) \times 3 + 0 + 0 - (1+1+2) + 3 \times 3$$
$$= 14\ \text{天}$$

3.2.2　成倍节拍流水施工

通常情况下，组织固定节拍的流水施工是比较困难的。因为在任意一施工段上，不同施工过程的复杂程度不同，影响流水节拍的因素也不同，很难使各个施工过程的流水节拍都相等。但施工段划分合理，保持同一施工过程中各施工段的流水节拍相等是不难实现的。使某些施工过程的流水节拍成为其他施工过程流水节拍的倍数，即形成成倍节拍流水施工。成倍节拍流水施工包括一般的成倍节拍流水施工和加快的成倍节拍流水施工。为缩短流水施工工期，一般应采用加快的成倍节拍流水施工方式。

3.2.2.1 加快的成倍节拍流水施工的特点

（1）同一施工过程中的各个施工段上的流水节拍均相等，不同施工过程的流水节拍不相等，但其值为倍数关系。

（2）相邻专业工作队的流水步距相等，且等于流水节拍的最大公约数（K）。

（3）专业工作队数大于施工过程数，即有的施工过程只成立一个专业工作队，对流水节拍大的施工过程，可按其倍数增加相应专业工作队数目。

（4）各个专业工作队在施工段上能够连续作业，施工段间没有间歇时间。

3.2.2.2 加快的成倍节拍流水施工工期

加快的成倍节拍流水施工工期 T，可按下式计算：

$$T = (n' - 1) K + \sum G + \sum Z - \sum C + mK$$
$$= (m + n' - 1) K + \sum G + \sum Z - \sum C \tag{3-6}$$

式中　n' ——专业工作队数目。

某分部工程流水施工计划，如图 3-6 所示。在该计划中，施工过程数目 $n=3$；专业工作队数目 $n'=6$；施工段数目 $m=6$；流水步距 $K=1$；组织间歇 $Z=0$；工艺间歇 $G=0$；提前插入时间 $C=0$，其流水施工工期 T 为：

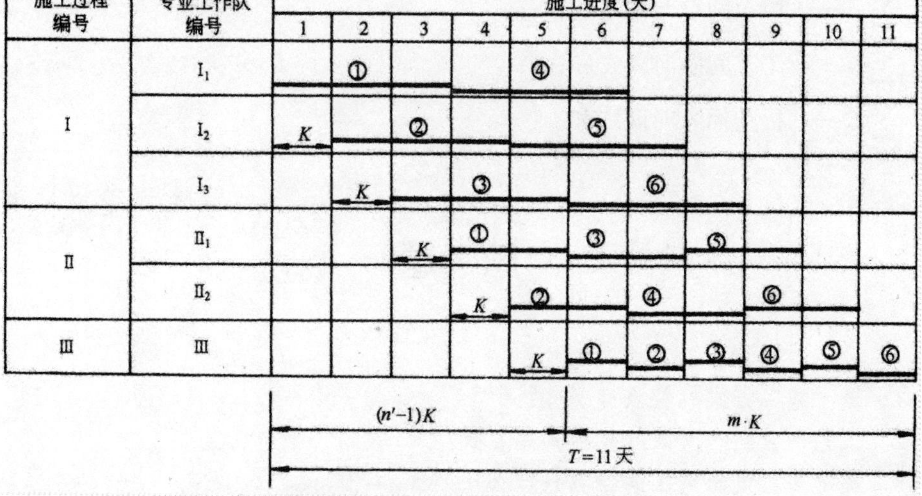

施工过程 编号	专业工作队 编号	施工进度（天）										
		1	2	3	4	5	6	7	8	9	10	11
I	I₁		①			④						
	I₂	K		②			⑤					
	I₃		K		③			⑥				
II	II₁			K	①		③		⑤			
	II₂				K	②		④		⑥		
III	III					K	①	②	③	④	⑤	⑥

$(n'-1)K$ ← → $m \cdot K$

$T = 11$ 天

图 3-6　加快的成倍节拍流水施工进度计划

$$T = (m + n' - 1) K + \sum G + \sum Z - \sum C$$
$$= (6 + 6 - 1) \times 1 + 0 + 0 - 0$$
$$= 11 \text{ 天}$$

3.2.3 流水步距的确定

非节奏流水施工中，通常采用累加数列错位相减取大差法计算流水步距，这种方法是由潘特考夫斯基（音译）提出的，故又称为潘特考夫斯基法。此种方法简捷、准确，便于掌握。

累加数列错位相减取大差法的基本步骤如下：

（1）将每一个施工过程在各施工段上的流水节拍依次累加，求得各施工过程流水节拍的累加数列；

（2）将相邻施工过程流水节拍累加数列中的后者错后一位，相减后求出一个差数列；

（3）在差数列中取最大值，即为这两个相邻施工过程的流水步距。

3.2.4 流水施工工期的确定

流水施工工期，可按下式计算：

$$T = \sum K + \sum t_n + \sum Z + \sum G - \sum C \tag{3-8}$$

式中　　T——流水施工工期；

$\sum K$——各施工过程（或专业工作队）之间流水步距之和；

$\sum t_n$——最后一个施工过程（或专业工作队）在各施工段流水节拍之和；

$\sum Z$——组织间歇时间之和；

$\sum G$——工艺间歇时间之和；

$\sum C$——提前插入时间之和。

思考题

3-1　流水施工方式的特点有哪些？

3-2　工艺参数的含义及其包括哪些参数？

3-3　固定节拍流水施工的特点是什么？

3-4　非节奏流水施工中，通常采用什么方法计算流水步距？此种方法又被称为什么？其特点是什么？

项目4 网络计划技术

任务4.1 基本概念

4.1.1 网络图和工作

4.1.1.1 网络图的组成

网络图是由箭线和节点组成，用以表明工作流程的有向、有序网状图形。一个网络图表示一项计划任务。网络图中的工作是计划任务按需要程度粗细划分而成的、消耗时间或消耗资源的一个子项目或子任务。工作可以是单位工程，也可以是分部工程、分项工程；一个施工过程也可以作为一项工作。在一般情况下，完成一项工作既需要消耗时间，也需要消耗劳动力、原材料、施工机具等资源。但有一些工作只消耗时间、不消耗资源，如混凝土浇筑后的养护过程和墙面抹灰后的干燥过程等。

4.1.1.2 网络图的分类

网络图有双代号网络图和单代号网络图两种。双代号网络图又称箭线式网络图，是以箭线及其两端节点的编号表示工作，节点表示工作的开始或结束以及工作间的连接状态；单代号网络图又称节点式网络图，是以节点及其编号表示工作，箭线表示工作间的逻辑关系。

网络图中的节点必须有编号，且其编号严禁重复，应使每一条箭线上箭尾节点编号小于箭头节点编号。

在双代号网络图中，一项工作必须有唯一的一条箭线和相应的一对不重复出现的箭尾、箭头节点编号。因此，一项工作的名称可以用其箭尾和箭头节点编号来表示。在单代号网络图中，一项工作必须有唯一的一个节点及相应的一个代号，可用其节点编号来表示。

在双代号网络图中，有时存在虚箭线，但虚箭线不代表实际工作，被称为虚工作。虚工作既不消耗时间，也不消耗资源。虚工作主要用来表示相邻两项工作间的逻辑关系。为避免两项同时开始、进行的工作具有相同的开始节点和完成节点，也需要用虚工作加以区分。

在单代号网络图中，虚工作只出现在网络图的起点节点或终点节点处。

4.1.2　工艺关系和组织关系

4.1.2.1　工艺关系

生产性工作间是由工艺过程决定的、非生产性工作间由工作程序决定的先后顺序关系，称为工艺关系，如图4-1所示，支模1→扎筋1→混凝土1为工艺关系。

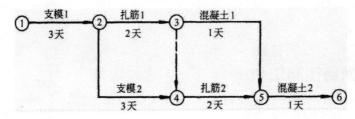

图4-1　某混凝土工程双代号网络计划

4.1.2.2　组织关系

工作间由于组织安排需要或资源（劳动力、原材料、施工机具等）调配需要而规定的先后顺序关系，称为组织关系，如图4-1所示，支模1→支模2、扎筋1→扎筋2等为组织关系。

4.1.3　紧前工作、紧后工作和平行工作

4.1.3.1　紧前工作

在网络图中，相对某工作而言，紧排在该工作之前的工作称为该工作的紧前工作。在双代号网络图中，工作与其紧前工作间可能有虚工作存在，如图4-1所示，支模1是支模2在组织关系上的紧前工作；扎筋1和扎筋2之间虽存在虚工作，但扎筋1仍是扎筋2在组织关系上的紧前工作；支模1是扎筋1在工艺关系上的紧前工作。

4.1.3.2 紧后工作

在网络图中，相对某工作而言，紧排在该工作之后的工作称为该工作的紧后工作。在双代号网络图中，工作与其紧后工作间也可能有虚工作存在，如图4-1所示，扎筋2是扎筋1在组织关系上的紧后工作；混凝土1是扎筋1在工艺关系上的紧后工作。

4.1.3.3 平行工作

在网络图中，相对某工作而言，可与该工作同时进行的工作即为该工作的平行工作，如图4-1所示，扎筋1和支模2为平行工作。

紧前工作、紧后工作及平行工作是工作间逻辑关系的具体表现，只要能根据工作间的工艺关系和组织关系明确其紧前或紧后关系，是正确绘制网络图的前提条件，即可据此绘出网络图。

4.1.4 先行工作和后续工作

4.1.4.1 先行工作

相对某工作而言，从网络图的第一个节点（起点节点）开始，顺箭头方向经过一系列箭线与节点到达该工作为止的各条通路上的所有工作，均称为该工作的先行工作，如图4-1所示，支模1、扎筋1、混凝土1、支模2、扎筋2为混凝土2的先行工作。

4.1.4.2 后续工作

相对某工作而言，从该工作之后开始，顺箭头方向经过一系列箭线与节点到网络图最后一个节点（终点节点）的各条通路上的所有工作，均称为该工作的后续工作，如图4-1所示，混凝土1、扎筋2和混凝土2为扎筋1的后续工作。

在建设工程进度控制中，后续工作是非常重要的。因为在工程网络计划的实施过程中，如发现某项工作进度出现拖延，则受到影响的必然是后续工作。

4.1.5 线路、关键线路和关键工作

4.1.5.1 线路

网络图中从起点节点开始，沿箭头方向顺序通过一系列箭线与节点，最后到达终点节点的通路称为线路。线路既可用该线路上的节点编号来表示，也可用该线路上的工作名称来表示，如图4-1所示，该网络图中有三条线路，三条线路可表示为：①—②—③—⑤—⑥、①—②—③—④—⑤—⑥、①—②—④—⑤—⑥；也可表示为：支模1→扎筋1→混凝土1→混凝土2、支模1→扎筋1→扎筋2→混凝土2、支模1→支模2→扎筋2→混凝土2。

4.1.5.2　关键线路和关键工作

在关键线路法（CPM）中，线路上所有工作的持续时间的总和，称为该线路的总持续时间。总持续时间最长的线路称为关键线路，关键线路的长度是网络计划的总工期，如图4-1所示，线路①—②—④—⑤—⑥或支模1→支模2→扎筋2→混凝土2为关键线路。

在网络计划中，关键线路不止一条，且在网络计划执行过程中，关键线路还会发生转移。

关键线路上的工作称为关键工作。在网络计划的实施过程中，关键工作的实际进度提前或延后都会对总工期产生影响。因此，关键工作的实际进度是建设工程进度控制工作中的重点。

任务 4.2　网络图的绘制

4.2.1　双代号网络图的绘制规则及方法

4.2.1.1　绘图规则

（1）网络图必须按照已定的逻辑关系绘制。网络图是有向、有序网状图形，因此其必须严格按照工作间的逻辑关系绘制，这是为保证工程质量和资源优化配置及合理使用所必须做到的。如已知工作间的逻辑关系（见表4-1）若绘出网络图，图4-2（a）是错误的，因为工作 A 不是工作 D 的紧前工作。此时，可用虚箭线将工作 A 和工作 D 间的联系断开，如图4-2（b）所示。

表 4-1　逻辑关系表

工作	A	B	C	D
紧前工作	—	—	A、B	B

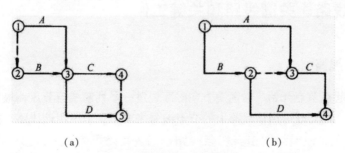

（a）　　　　　　　　　　　（b）

（a）错误画法；（b）正确画法

图 4-2　按表 4-1 绘制的网络图

（2）网络图中严禁出现从一个节点出发，顺箭头方向又回到原出发点的循环回路。如出现循环回路，则会造成逻辑关系混乱，使工作无法按顺序进行。如图 4-3 所示，网络图中存在不允许出现的循环回路 $BCGF$，此时节点编号也发生错误。

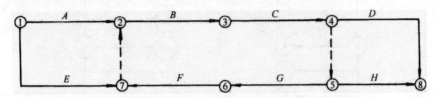

图4-3　存在循环回路的错误网络图

（3）网络图中的箭线（包括虚箭线，以下同）应保持自左向右的方向，不应出现箭头指向左方的水平箭线和箭头偏向左方的斜向箭线。若遵循该规则绘制网络图，则不会出现循环回路。

（4）网络图中严禁出现双向箭头和无箭头的连线，图 4-4 即为错误的工作箭线画法，工作进行的方向不明确，因而不能达到网络图有向的要求。

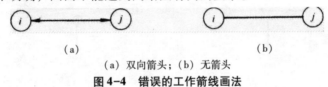

（a）　　　　　　　　　　　（b）

（a）双向箭头；（b）无箭头

图4-4　错误的工作箭线画法

（5）网络图中严禁出现没有箭尾节点的箭线和没有箭头节点的箭线，图 4-5 即为错误的画法。

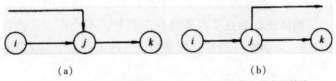

（a）　　　　　　　　　　　（b）

（a）存在没有箭尾节点的箭线；（b）存在没有箭头节点的箭线

图4-5　错误的画法

（6）严禁在箭线上引入或引出箭线，如图 4-6 所示，即为错误的画法。

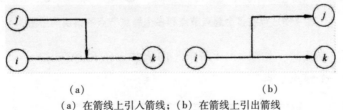

（a）　　　　　　　　　　　（b）

（a）在箭线上引入箭线；（b）在箭线上引出箭线

图4-6　错误的画法

当网络图的起点节点有多条箭线引出（外向箭线）或终点节点有多条箭线引入（内向箭线）时，为使图形简洁，可用母线法绘图。即将多条箭线经一条共用的垂直线段从起点节点引出，或将多条箭线经一条共用的垂直线段引入终点节点，如图 4-7 所示。对于特殊线型的箭线，如粗箭线、双箭线、虚箭线、彩色箭线等，可在从母线上引出的支线上标出。

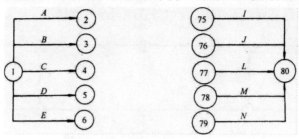

图 4-7　母线法

（7）应避免网络图中工作箭线的交叉。当交叉不可避免时，可以采用过桥法或指向法处理，如图 4-8 所示。

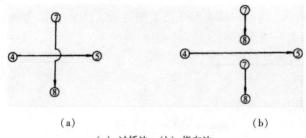

（a）　　　　　　　　　　　　　　　　（b）

（a）过桥法；（b）指向法

图 4-8　箭线交叉的表示方法

（8）网络图中应只有一个起点节点和一个终点节点（任务中部分工作需要分期完成的网络计划除外）。除网络图的起点节点和终点节点外，不允许出现没有外向箭线的节点和没有内向箭线的节点。如图 4-9 所示，网络图中有两个起点节点①和②，两个终点节点⑦和⑧。

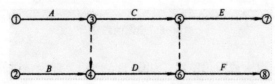

图 4-9　存在多个起点节点和多个终点节点的错误网络图

该网络图的正确画法，如图 4-10 所示，即将节点①和②合并为一个起点节点，将节点⑦和⑧合并为一个终点节点。

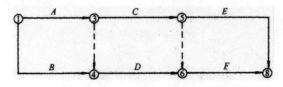

图 4-10　网络图的正确画法

4.2.1.2　绘图方法

（1）绘制没有紧前工作的工作箭线，使其具有相同的起点节点，以保证网络图只有一个起点节点。

（2）绘制其他工作箭线的绘制条件是其所有紧前工作箭线都已经绘制出来。在绘制这些工作箭线时，应按下列原则进行。

①当所要绘制的工作只有一项紧前工作时，则将该工作箭线直接画在其紧前工作箭线之后即可。

②当所要绘制的工作有多项紧前工作时，应按以下情况分别予以考虑：

a. 对所要绘制的工作（本工作）而言，如果其在紧前工作中存在一项只作为本工作紧前工作的工作（即在紧前工作栏目中，该紧前工作只出现一次），则应将本工作箭线直接画在该紧前工作箭线之后，用虚箭线将其他紧前工作箭线的箭头节点与本工作箭线的箭尾节点分别连接，以表达其之间的逻辑关系。

b. 对所要绘制的工作（本工作）而言，如果其在紧前工作中存在多项只作为本工作紧前工作的工作，应先将其箭线的箭头节点合并，从合并后的节点开始，画出本工作箭线，用虚箭线将其他紧前工作箭线的箭头节点与本工作箭线的箭尾节点分别相连，以表达其之间的逻辑关系。

c. 对所要绘制的工作（本工作）而言，如不存在以上情况时，应判断本工作的所有紧前工作是否同时也为其他工作的紧前工作（即在紧前工作栏目中，这几项紧前工作是否均出现若干次）。如上述条件成立，就在这些紧前工作箭线的箭头节点合并后，从合并后的节点开始，画出本工作箭线。

d. 对所要绘制的工作（本工作）而言，如果不存在以上所有情况，则应将本工作箭线单独画在其紧前工作箭线之后的中部，用虚箭线将其各紧前工作箭线的箭头节点与本工作箭线的箭尾节点分别连接，以表达其之间的逻辑关系。

③当各项工作箭线均绘制出来之后，合并那些没有紧后工作之工作箭线的箭头节点，以保证网络图只有一个终点节点（多目标网络计划除外）。

④当确认所绘制的网络图正确后，即可进行节点编号。网络图的节点编号在满足前述要求的前提下，既可采用连续的编号方法，也可采用不连续的编号方法，避免日后增加工作时改动整个网络图的节点编号。

以上所述为已知每一项工作的紧前工作时的绘图方法，当已知每一项工作的紧后工作时，也可按类似的方法进行网络图的绘制，只是将其绘图顺序由前述的从左向右改为从右向左。

4.2.2　单代号网络图的绘制规则

单代号网络图的绘图规则与双代号网络图的绘图规则基本相同，主要区别在于：当网络图中有多项开始工作时，应增设一项虚拟的工作 S，作为该网络图的起点节点；当网络图中有多项结束工作时，应增设一项虚拟的工作 F，并将其作为该网络图的终点节点，如图 4-11 所示，其中 S 和 F 为虚工作。

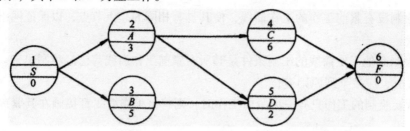

图 4-11　具有虚拟起点节点和终点节点的单代号网络图

任务 4.3　网络计划时间参数的计算

4.3.1　网络计划时间参数

4.3.1.1　工作持续时间和工期

1. 工作持续时间

工作持续时间是指一项工作从开始到完成所需的时间。在双代号网络计划中，工作 i-j 的持续时间用 D_{i-j} 表示；在单代号网络计划中，工作 i 的持续时间用 D_i 表示。

2. 工期

工期泛指完成一项任务所需要的时间。在网络计划中，工期的种类，见表 4-2。

表 4-2　工期的种类

种类	内容
计算工期	计算工期是根据网络计划时间参数计算得到的工期，用 T_c 表示
要求工期	要求工期是任务委托人所提出的指令性工期，用 T_r 表示
计划工期	计划工期是指根据要求工期和计算工期所确定的作为实施目标的工期，用 T_p 表示 ①当已规定要求工期时，计划工期不应超过要求工期，即：$T_p \leqslant T_r$ ②当未规定要求工期时，可使计划工期等于计算工期，即：$T_p = T_c$

4.3.1.2　工作的六个时间参数

1. 最早开始时间和最早完成时间

工作的最早开始时间是指在其所有紧前工作全部完成后，本工作有可能开始的最早时间。

工作的最早完成时间是指在其所有紧前工作全部完成后，本工作有可能完成的最早时间。工作的最早完成时间等于本工作的最早开始时间与其持续时间之和。

在双代号网络计划中，工作 i–j 的最早开始时间和最早完成时间用 ES_{i-j} 和 EF_{i-j} 表示；在单代号网络计划中，工作 i 的最早开始时间和最早完成时间用 ES_i 和 EF_i 表示。

2. 最迟完成时间和最迟开始时间

工作的最迟完成时间是指在不影响整个任务按期完成的前提下，本工作必须完成的最迟时间。工作的最迟开始时间是指在不影响整个任务按期完成的前提下，本工作必须开始的最迟时间。工作的最迟开始时间等于本工作的最迟完成时间与其持续时间之差。

在双代号网络计划中，工作 i–j 的最迟完成时间和最迟开始时间用 LF_{i-j} 和 LS_{i-j} 表示；在单代号网络计划中，工作 i 的最迟完成时间和最迟开始时间用 LF_i 和 LS_i 表示。

3. 总时差和自由时差

工作的总时差是指在不影响总工期的前提下，本工作可以利用的机动时间。在网络计划的执行过程中，若利用某项工作的总时差，则有可能使该工作后续工作的总时差减小。在双代号网络计划中，工作 i–j 的总时差用 TF_{i-j} 表示；在单代号网络计划中，工作 i 的总时差用 TF_i 表示。

工作的自由时差是指在不影响其紧后工作最早开始时间的前提下，本工作可以利用的机动时间。在网络计划的执行过程中，工作的自由时差是该工作可以自由使用的时间。在双代号网络计划中，工作 i–j 的自由时差用 FF_{i-j} 表示；在单代号网络计划中，工作 i 的自由时差用 FF_i 表示。

从总时差和自由时差的定义可知，对同一项工作而言，自由时差不会超过总时差。当工作的总时差为零时，自由时差必然为零。

4.3.1.3　节点最早时间和最迟时间

1. 节点最早时间

节点最早时间，是指在双代号网络计划中，以该节点为开始节点的各项工作的最早开始时间，节点 i 的最早时间用 ET_i 表示。

2. 节点最迟时间

节点最迟时间是指在双代号网络计划中，以该节点为完成节点的各项工作的最迟完成时间，节点 j 的最迟时间用 LT_j 表示。

4.3.1.4　相邻两项工作间的时间间隔

相邻两项工作间的时间间隔是指本工作的最早完成时间与其紧后工作最早开始时间之间可能存在的差值。工作 i 与工作 j 之间的时间间隔用 $LAG_{i,j}$ 表示。

4.3.2　双代号网络计划时间参数的计算

4.3.2.1　按工作计算法

按工作计算法以网络计划中的工作为对象直接计算各项工作的时间参数，包括工作的最早开始时间和最早完成时间、工作的最迟开始时间和最迟完成时间、工作的总时差和自由时差。此外，还应计算网络计划的计算工期。

为简化计算，网络计划时间参数中的开始时间和完成时间均应以时间单位的终了时刻为标准。如第 3 天开始，是指第 3 天终了（下班）时刻开始，实际上是第 4 天上班时刻开始；第 5 天完成即是指第 5 天终了（下班）时刻完成。

下面以如图 4-12 所示双代号网络计划为例，说明按工作计算法计算时间参数的过程。其计算结果如图 4-13 所示。

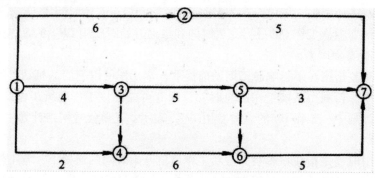

图 4-12　双代号网络计划

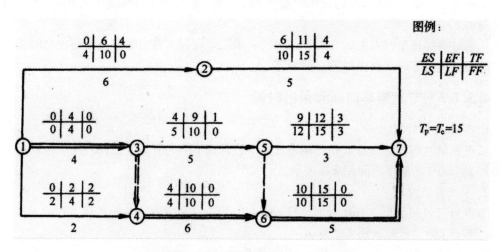

图 4-13　双代号网络计划（六时标注法）

1. 计算工作的最早开始时间和最早完成时间

工作最早开始时间和最早完成时间的计算，应从网络计划的起点节点开始，沿着箭线方向依次进行。其计算步骤如下：

（1）以网络计划起点节点为开始节点的工作，当未规定其最早开始时间时，其最早开始时间为零；

（2）工作的最早完成时间，可用下式进行计算：

$$EF_{i-j} = ES_{i-j} + D_{i-j} \tag{4-1}$$

式中　EF_{i-j}——工作 $i—j$ 的最早完成时间；

ES_{i-j}——工作 i—j 的最早开始时间；

D_{i-j}——工作 i—j 的持续时间。

（3）其他工作的最早开始时间，应等于其紧前工作最早完成时间的最大值，即：

$$ES_{i-j} = \max \{EF_{h-i}\} = \max \{ES_{h-i} + D_{h-i}\} \qquad (4-2)$$

式中　ES_{i-j}——工作 i—j 的最早开始时间；

　　　EF_{h-i}——工作 i—j 的紧前工作 h—i（非虚工作）的最早完成时间；

　　　ES_{h-i}——工作 i—j 的紧前工作 h—i（非虚工作）的最早开始时间；

　　　D_{h-i}——工作 i—j 的紧前工作 h—i（非虚工作）的持续时间。

（4）网络计划的计算工期，应等于以网络计划终点节点为完成节点的工作的最早完成时间的最大值，即：

$$T_c = \max \{EF_{i-n}\} = \max \{ES_{i-n} + D_{i-n}\} \qquad (4-3)$$

式中　T_c——网络计划的计算工期；

　　　EF_{i-n}——以网络计划终点节点 n 为完成节点的工作的最早完成时间；

　　　ES_{i-n}——以网络计划终点节点 n 为完成节点的工作的最早开始时间；

　　　D_{i-n}——以网络计划终点节点 n 为完成节点的工作的持续时间。

2. 确定网络计划的计划工期

网络计划的计划工期应按式 $T_p \leqslant T_r$ 或 $T_p = T_c$ 确定。计划工期应标注在网络计划终点节点的右上方，如图 4-13 所示。

3. 计算工作的最迟完成时间和最迟开始时间

工作最迟完成时间和最迟开始时间的计算应从网络计划的终点节点开始，逆着箭线方向依次进行。其计算步骤如下：

（1）以网络计划终点节点为完成节点的工作，其最迟完成时间等于网络计划的计划工期，即：

$$LF_{i-n} = T_p \qquad (4-4)$$

式中　LF_{i-n}——以网络计划终点节点 n 为完成节点的工作的最迟完成时间；

　　　T_p——网络计划的计划工期。

（2）工作的最迟开始时间可用下式进行计算：

$$LS_{i-j} = LF_{i-j} - D_{i-j} \qquad (4-5)$$

式中　LS_{i-j}——工作 i—j 的最迟开始时间；

　　　LF_{i-j}——工作 i—j 的最迟完成时间；

　　　D_{i-j}——工作 i—j 的持续时间。

（3）其他工作的最迟完成时间应等于其紧后工作最迟开始时间的最小值，即：

$$LF_{i-j} = \min \{LS_{j-k}\} = \min \{LF_{j-k} - D_{j-k}\} \qquad (4-6)$$

式中　LF_{i-j}——工作 i—j 的最迟完成时间；

　　　LS_{j-k}——工作 i—j 的紧后工作 j—k（非虚工作）的最迟开始时间；

　　　LF_{j-k}——工作 i—j 的紧后工作 j—k（非虚工作）的最迟完成时间；

　　　D_{j-k}——工作 i—j 的紧后工作 j—k（非虚工作）的持续时间。

4. 计算工作的总时差

工作的总时差等于该工作最迟完成时间与最早完成时间之差，或该工作最迟开始时间与最早开始时间之差，即：

$$TF_{i-j} = LF_{i-j} - EF_{i-j} = LS_{i-j} - ES_{i-j} \quad\quad (4-7)$$

式中　TF_{i-j}——工作 $i—j$ 的总时差；其他符号意义同上所述。

5. 计算工作的自由时差

（1）对有紧后工作的工作，其自由时差等于本工作之紧后工作最早开始时间减本工作最早完成时间所得之差的最小值，即：

$$FF_{i-j} = \min \{ES_{j-k} - EF_{i-j}\}$$
$$= \min \{ES_{j-k} - ES_{i-j} - D_{i-j}\} \quad\quad (4-8)$$

式中　FF_{i-j}——工作 $i—j$ 的自由时差；

　　　ES_{j-k}——工作 $i—j$ 的紧后工作 $j—k$（非虚工作）的最早开始时间；

　　　EF_{i-j}——工作 $i—j$ 的最早完成时间；

　　　ES_{i-j}——工作 $i—j$ 的最早开始时间；

　　　D_{i-j}——工作 $i—j$ 的持续时间。

（2）对无紧后工作的工作，也就是以网络计划终点节点为完成节点的工作，其自由时差等于计划工期与本工作最早完成时间之差，即：

$$FF_{i-n} = T_p - EF_{i-n} = T_p - ES_{i-n} - D_{i-n} \quad\quad (4-9)$$

式中　FF_{i-n}——以网络计划终点节点 n 为完成节点的工作 $i—n$ 的自由时差；

　　　T_p——网络计划的计划工期；

　　　EF_{i-n}——以网络计划终点节点 n 为完成节点的工作 $i—n$ 的最早完成时间；

　　　ES_{i-n}——以网络计划终点节点 n 为完成节点的工作 $i—n$ 的最早开始时间；

　　　D_{i-n}——以网络计划终点节点 n 为完成节点的工作 $i—n$ 的持续时间。

需要指出的是，对网络计划中以终点节点为完成节点的工作，其自由时差与总时差相等。工作的自由时差是其总时差的构成部分，因此当工作的总时差为零时，其自由时差必然为零，可不必进行专门计算。

6. 确定关键工作和关键线路

在网络计划中，总时差最小的工作为关键工作。当网络计划的计划工期等于计算工期时，总时差为零的工作就是关键工作。

找出关键工作之后，将这些关键工作首尾连接，便至少构成一条从起点节点到终点节点的通路，通路上各项工作的持续时间总和最大的就是关键线路。在关键线路上可能有虚工作存在。

关键线路一般用粗箭线或双线箭线标出，也可以用彩色箭线标出。关键线路上各项工作的持续时间总和应等于网络计划的计算工期，这一特点也是判别关键线路是否正确的准则。

在上述计算过程中，每项工作的六个时间参数均标注在图中，故称为六时标注法，如图 4-13 所示。为使网络计划的图面更加简洁，在双代号网络计划中，除各项工作的持续时间以外，一般只需标注两个最基本的时间参数——各项工作的最早开始时间和最迟开始时间，而工作的其他四个时间参数（最早完成时间、最迟完成时间、总时差、自由时差）可根据工作的最早开始时间、最迟开始时间及持续时间导出。此种方法称为二时标注法，如图 4-14 所示。

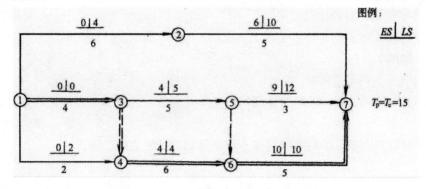

图 4-14　双代号网络计划（二时标注法）

4.3.2.2　按节点计算法

按节点计算法是指先计算网络计划中各个节点的最早时间和最迟时间，再根据此计算各项工作的时间参数和网络计划的计算工期，如图 4-15 所示。

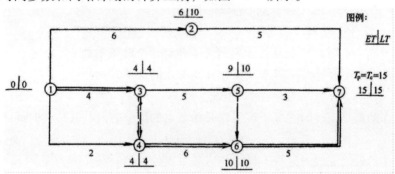

图 4-15　双代号网络计划（按节点计算法）

1. 计算节点的最早时间和最迟时间

（1）计算节点的最早时间

节点最早时间的计算应从网络计划的起点节点开始，沿着箭线方向依次进行。其计算步骤如下：

①网络计划起点节点，如未规定最早时间时，其值等于零。

②其他节点的最早时间，应按下式进行计算：

$$ET_j = \max \{ET_i + D_{i-j}\} \qquad (4-10)$$

式中　ET_j——工作 i—j 的完成节点 j 的最早时间；

　　　ET_i——工作 i—j 的开始节点 i 的最早时间；

　　　D_{i-j}——工作 i—j 的持续时间。

③网络计划的计算工期等于网络计划终点节点的最早时间，即：

$$T_c = ET_n \tag{4-11}$$

式中 T_c——网络计划的计算工期；

ET_n——网络计划终点节点 n 的最早时间。

（2）确定网络计划的计划工期

网络计划的计划工期，应按公式 $T_p \leqslant T_r$ 或 $T_p = T_c$ 确定。计划工期应标注在终点节点的右上方，如图 4-15 所示。

（3）计算节点的最迟时间

节点最迟时间的计算应从网络计划的终点节点开始，逆着箭线方向依次进行。其计算步骤如下：

①网络计划终点节点的最迟时间等于网络计划的计划工期，即：

$$LT_n = T_p \tag{4-12}$$

式中 LT_n——网络计划终点节点 n 的最迟时间；

T_p——网络计划的计划工期。

②其他节点的最迟时间应按下式进行计算：

$$LT_i = \min \{LT_j - D_{i-j}\} \tag{4-13}$$

式中 LT_i——工作 i—j 的开始节点 i 的最迟时间；

LT_j——工作 i—j 的完成节点 j 的最迟时间；

D_{i-j}——工作 i—j 的持续时间。

2. 根据节点的最早时间和最迟时间判定工作的六个时间参数

（1）工作的最早开始时间等于该工作开始节点的最早时间，即：

$$ES_{i-j} = ET_i \tag{4-14}$$

（2）工作的最早完成时间等于该工作开始节点的最早时间与其持续时间之和，即：

$$EF_{i-j} = ET_i + D_{i-j} \tag{4-15}$$

（3）工作的最迟完成时间等于该工作完成节点的最迟时间，即：

$$LF_{i-j} = LT_j \tag{4-16}$$

（4）工作的最迟开始时间等于该工作完成节点的最迟时间与其持续时间之差，即：

$$LS_{i-j} = LT_j + D_{i-j} \tag{4-17}$$

（5）工作的总时差可根据式（4-7）、式（4-15）和式（4-16）得到：

$$TF_{i-j} = LT_i - ET_i - D_{i-j} \tag{4-18}$$

由式（4-18）可知，工作的总时差等于该工作完成节点的最迟时间减去该工作开始节点的最早时间所得差值再减去其持续时间。

（6）工作的自由时差可根据式（4-8）和式（4-14）得到：

$$FF_{i-j} = \min \{ET_j\} - ET_i - D_{i-j} \tag{4-19}$$

由式（4-19）可知，工作的自由时差等于该工作完成节点的最早时间减去该工作开始节点的最早时间所得差值再减其持续时间。

需要特别注意的是，若本工作与其各紧后工作间存在虚工作时，ET_j 应为本工作紧后工作开始节点的最早时间，而不是本工作完成节点的最早时间。

3. 确定关键线路和关键工作

在双代号网络计划中，关键线路上的节点称为关键节点。关键工作两端的节点必为关键节点，但两端为关键节点的工作不一定是关键工作。关键节点的最迟时间与最早时间的差值最小。特别是当网络计划的计划工期等于计算工期时，关键节点的最早时间与最迟时间必然相等。当利用关键节点判别关键线路和关键工作时，还应满足下列判别式：

$$ET_i+D_{i-j}=ET_j \tag{4-20}$$

或

$$LT_i+D_{i-j}=LT_j \tag{4-21}$$

式中 ET_i——工作 $i—j$ 的开始节点（关键节点）i 的最早时间；

D_{i-j}——工作 $i—j$ 的持续时间；

ET_j——工作 $i—j$ 的完成节点（关键节点）j 的最早时间；

LT_i——工作 $i—j$ 的开始节点（关键节点）i 的最迟时间；

LT_j——工作 $i—j$ 的完成节点（关键节点）j 的最迟时间。

如果两个关键节点间的工作符合上述判别式，则该工作为关键工作，其应该在关键线路上。否则，该工作就不是关键工作，关键线路也就不会从此处通过。

4. 关键节点的特性

在双代号网络计划中，当计划工期等于计算工期时，关键节点具有以下一些特性，掌握好这些特性有助于确定工作的时间参数。

（1）开始节点和完成节点均为关键节点的工作，不一定是关键工作，如图4-15所示的双代号网络计划中，节点①和节点④为关键节点，但工作1—4为非关键工作。由于其两端为关键节点，机动时间不可能为其他工作所利用，故其总时差和自由时差均为2。

（2）以关键节点为完成节点的工作，其总时差和自由时差必然相等，如图4-15所示的双代号网络计划中，工作1—4的总时差和自由时差均为2；工作2—7的总时差和自由时差均为4；工作5—7的总时差和自由时差均为3。

（3）当两个关键节点间有多项工作，且工作间的非关键节点无其他内向箭线和外向箭线时，则两个关键节点间各项工作的总时差均相等。在这些工作中，除以关键节点为完成的节点的工作自由时差等于总时差外，其余工作的自由时差均为零。如图4-15所示的双代号网络计划中，工作1—2和工作2—7的总时差均为4。工作2—7的自由时差等于总时差，而工作1—2的自由时差为零。

（4）当两个关键节点间有多项工作，且工作间的非关键节点有外向箭线而无其他内向箭线时，则两个关键节点间各项工作的总时差不一定相等。在这些工作中，除以关键节点为完成的节点的工作自由时差等于总时差外，其余工作的自由时差均为零。

4.3.2.3 标号法

标号法是一种快速寻求网络计划计算工期和关键线路的方法。它利用按节点计算法的基本原理，对网络计划中的每一个节点进行标号，然后利用标号值确定网络计划的计算工期和关键线路。

以图 4-13 所示的网络计划为例，说明标号法的计算过程。其计算结果如图 4-16 所示。

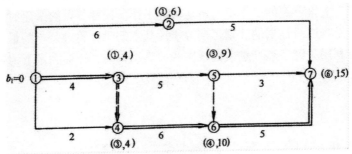

图 4-16　双代号网络计划（标号法）

（1）网络计划起点节点的标号值为零。

（2）其他节点的标号值，应按节点编号从小到大的顺序逐个进行计算：

$$b_j = \max\ \{b_i + D_{i-j}\} \qquad (4\text{-}22)$$

式中　b_j——工作 i—j 的开始节点 j 的标号值；

　　　b_i——工作 i—j 的开始节点 i 的标号值；

　　　D_{i-j}——工作 i—j 的持续时间。

当计算出节点的标号值后，应用其标号值及其源节点对该节点进行双标号。源节点是指用来确定本节点标号值的节点。

（3）网络计划的计算工期就是网络计划终点节点的标号值。

（4）关键线路应从网络计划的终点节点开始，逆着箭线方向按源节点确定。

4.3.3　单代号网络计划时间参数的计算

单代号网络计划与双代号网络计划只是表现形式不同，但其所表达的内容则完全一样。下面以图 4-17 所示的单代号网络计划为例，说明其时间参数的计算过程，计算结果如图 4-18 所示。

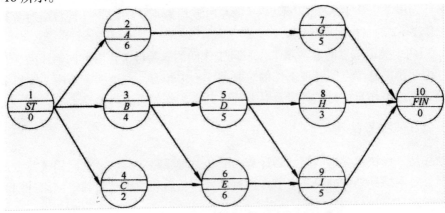

图 4-17　单代号网络计划

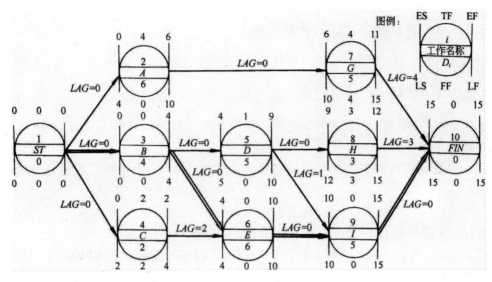

图4-18 单代号网络计划

4.3.3.1 计算工作的最早开始时间和最早完成时间

工作最早开始时间和最早完成时间的计算应从网络计划的起点节点开始，沿着箭线方向按节点编号从小到大的顺序依次进行，其计算步骤如下。

（1）网络计划起点节点所代表的工作的最早开始时间未规定时，取值为零。

（2）工作的最早完成时间，应等于本工作的最早开始时间与其持续时间之和，即：

$$EF_i = ES_i + D_i \qquad (4-23)$$

式中　EF_i——工作 i 的最早完成时间；

ES_i——工作 i 的最早开始时间；

D_i——工作 i 的持续时间。

（3）其他工作的最早开始时间应等于其紧前工作最早完成时间的最大值，即：

$$ES_j = \max \{EF_i\} \qquad (4-24)$$

式中　ES_j——工作 j 的最早开始时间；

EF_i——工作 j 的紧前工作 i 的最早完成时间。

（4）网络计划的计算工期等于其终点节点所代表的工作的最早完成时间。

4.3.3.2 计算相邻两项工作间的时间间隔

相邻两项工作间的时间间隔是指其紧后工作的最早开始时间与本工作最早完成时间的差值，即：

$$LAG_{i,j} = ES_j - EF_i \qquad (4-25)$$

式中　$LAG_{i,j}$——工作 i 与其紧后工作 j 间的时间间隔；

ES_j——工作 i 的紧后工作 j 的最早开始时间；

EF_i——工作 i 的最早完成时间。

4.3.3.3 确定网络计划的计划工期

网络计划的计划工期仍按表4-2中计划工期的公式确定。

4.3.3.4 计算工作的总时差

工作总时差的计算应从网络计划的终点节点开始，逆着箭线方向按节点编号从大到小的顺序依次进行。

（1）网络计划终点节点 n 所代表的工作的总时差应等于计划工期与计算工期之差，即：

$$TF_n = T_p - T_c \qquad (4-26)$$

当计划工期等于计算工期时，该工作的总时差为零。

（2）其他工作的总时差应等于本工作与其各紧后工作间的时间间隔加该紧后工作的总时差所得之和的最小值，即：

$$TF_i = \min \{LAG_{i,j} + TF_j\} \qquad (4-27)$$

式中　TF_i——工作 i 的总时差；

　　　$LAG_{i,j}$——工作 i 与其紧后工作 j 之间的时间间隔；

　　　TF_j——工作 i 的紧后工作 j 的总时差。

4.3.3.5 计算工作的自由时差

（1）网络计划终点节点 n 所代表的工作的自由时差等于计划工期与本工作的最早完成时间之差，即：

$$FF_n = T_p - EF_n \qquad (4-28)$$

式中　FF_n——终点节点 n 所代表的工作的自由时差；

　　　T_p——网络计划的计划工期；

　　　EF_n——终点节点 n 所代表的工作的最早完成时间（即计算工期）。

（2）其他工作的自由时差等于本工作与其紧后工作间时间间隔的最小值，即：

$$FF_i = \min \{LAG_{i,j}\} \qquad (4-29)$$

4.3.3.6 计算工作的最迟完成时间和最迟开始时间

工作的最迟完成时间和最迟开始时间的计算方法，见表4-3。

表4-3　工作的最迟完成时间和最迟开始时间的计算方法

项目	内容
根据总时差计算	（1）工作的最迟完成时间等于本工作的最早完成时间与其总时差之和，即：$LF_i = EF_i + TF_i$ （2）工作的最迟开始时间等于本工作的最早开始时间与其总时差之和，即：$LS_i = ES_i + TF_i$

续表

项目	内容
根据计划工期计算	（1）网络计划终点节点 n 所代表的工作的最迟完成时间等于该网络计划的计划工期，即：$LF_n = T_p$ （2）工作的最迟开始时间等于本工作的最迟完成时间与其持续时间之差，即：$LS_i = LF_i - D_i$
其他工作的最迟完成时间等于该工作各紧后工作最迟开始时间的最小值	即：$LF_i = \min\{LS_j\}$，式中：LF_i 为工作 i 的最迟完成时间；LS_j 为工作 i 的紧后工作 j 的最迟开始时间

4.3.3.7　确定网络计划的关键线路

（1）利用关键工作确定关键线路。如前所述，总时差最小的工作为关键工作，将这些关键工作相连，保证相邻两项关键工作间的时间间隔为零而构成的线路就是关键线路。

（2）利用相邻两项工作间的时间间隔确定关键线路。从网络计划的终点节点开始，逆着箭线方向找出相邻两项工作间时间间隔为零的线路就是关键线路。

在网络计划中，关键线路可以用粗箭线或双箭线标出，也可以用彩色箭线标出。

任务 4.4　双代号时标网络计划

4.4.1　时标网络计划的编制方法

时标网络计划宜按各项工作的最早开始时间编制。因此，在编制时标网络计划时应使每一个节点和每一项工作（包括虚工作）尽量向左靠，直至不出现从右向左的逆向箭线为止。

在编制时标网络计划之前，应先按已经确定的时间单位绘制时标网络计划表。时间坐标可以标注在时标网络计划表的顶部或底部。当网络计划的规模比较大，且比较复杂时，可以在时标网络计划表的顶部和底部同时标注时间坐标。必要时，还可以在顶部时间坐标之上或底部时间坐标之下加注日历时间。时标网络计划表，见表4-4。表中部的刻度线宜为细线，为使图面清晰简洁，此线也可不画或少画。

表4-4　时标网络计划表

日历																
（时间单位）	1	2	3	4	5	6	7	8	9	10	11	12	13	14	15	16
网络计划																
（时间单位）	1	2	3	4	5	6	7	8	9	10	11	12	13	14	15	16

编制时标网络计划表应先绘制无时标的网络计划草图，按间接绘制法或直接绘制法进行绘制。

4.4.1.1 间接绘制法

间接绘制法是指先根据无时标的网络计划草图计算其时间参数，并确定关键线路，在时标网络计划表中进行绘制。在绘制时，应先将所有节点按其最早时间定位在时标网络计划表中的相应位置，用其规定线型（实箭线和虚箭线）按比例绘出工作和虚工作。

当某些工作箭线的长度不足以到达该工作的完成节点时，应用波形线补足，箭头画在与该工作完成节点的连接处。

4.4.1.2 直接绘制法

直接绘制法是指不计算时间参数而直接按无时标的网络计划草图绘制时标网络计划。以如图4-19所示的网络计划为例，说明时标网络计划表的绘制过程。

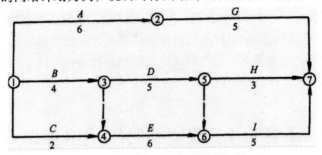

图4-19 双代号网络计划

（1）将网络计划的起点节点定位在时标网络计划表的起始刻度线上，如图4-20所示，节点①定位在时标网络计划表的起始刻度线"0"的位置上。

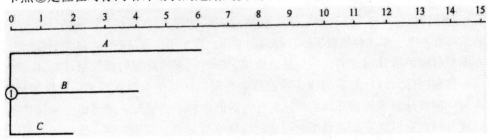

图4-20 直接绘制法第一步

（2）按工作的持续时间绘制以网络计划起点节点为开始节点的工作箭线，如图4-20所示，绘制出工作箭线 A、B 和 C。

（3）除网络计划的起点节点外，其他节点必须在所有以该节点为完成节点的工作箭线均绘制出后，定位在这些工作箭线中最迟的箭线末端。当某些工作箭线的长度不足以到达该节点时，须用波形线补足，箭头画在与该节点的连接处，如图4-21所示，节点②直接定位在工作箭线 A 的末端；节点③直接定位在工作箭线 B 的末端；节点④的位置需要在绘出虚箭线 3—4 之后，定位在工作箭线 C 和虚箭线 3—4 中最迟的箭线末端，即坐标"4"的位置上，工作箭线 C 的长度不足以到达节点④，用波形线补足。

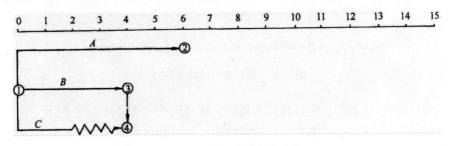

图 4-21　直接绘制法第二步

（4）当某个节点的位置确定之后，即可绘制以该节点为开始节点的工作箭线，如图 4-21 所示的基础上，分别以节点②、节点③和节点④为开始节点绘制工作箭线 G、工作箭线 D 和工作箭线 E，如图 4-22 所示。

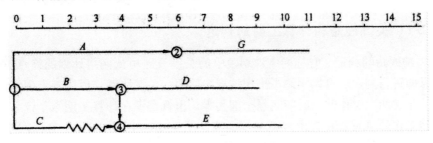

图 4-22　直接绘制法第三步

（5）利用上述方法从左至右依次确定其他各个节点的位置，直至绘出网络计划的终点节点，如图 4-22 所示，可以分别确定节点⑤和节点⑥的位置，并在确定之后分别绘制工作箭线 H 和工作箭线 I，如图 4-23 所示。

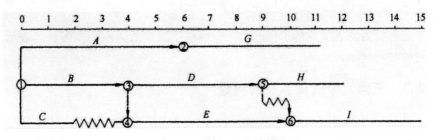

图 4-23　直接绘制法第四步

最后，根据工作箭线 G、工作箭线 H 和工作箭线 I 确定终点节点的位置，如图 4-24 所示，所对应的时标网络计划图中双箭线表示的线路为关键线路。

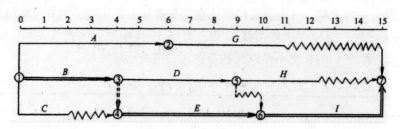

图 4-24　双代号时标网络计划

在绘制时标网络计划时，应处理好虚箭线，将虚箭线与实箭线同等看待，只是虚箭线对应工作的持续时间为零；其本身没有持续时间，但可能存在波形线。因此，应按规定画出波形线。在画波形线时，其垂直部分仍应画为虚线（如图 4-24 所示，时标网络计划中的虚箭线 5—6）。

4.4.2　时标网络计划中时间参数的判定

4.4.2.1　关键线路和计算工期的判定

（1）关键线路的判定。时标网络计划表中的关键线路可从网络计划的终点节点开始，逆着箭线方向进行判定，自始至终不出现波形线路即为关键线路。因为不出现波形线说明这条线路上相邻两项工作间的时间间隔全部为零，也就是说在计算工期等于计划工期的前提下，这些工作的总时差和自由时差全部为零，图 4-24 所示的双代号时标网络计划中，线路①—③—④—⑥—⑦即为关键线路。

（2）计算工期的判定。网络计划的计算工期应等于终点节点所对应的时标值与起点节点所对应的时标值之差，如图 4-24 所示的双代号时标网络计划的计算工期为：

$$T_c = 15 - 0 = 15$$

4.4.2.2　相邻两项工作间时间间隔的判定

除以终点节点为完成节点的工作外，工作箭线中波形线的水平投影长度表示工作与其紧后工作间的时间间隔。

4.4.2.3　工作六个时间参数的判定

（1）工作最早开始时间和最早完成时间的判定。工作箭线左端节点中心所对应的时标值为该工作的最早开始时间。当工作箭线中不存在波形线时，其右端节点中心所对应的时标值为该工作的最早完成时间；当工作箭线中存在波形线时，工作箭线实线部分右端点所对应的时标值为该工作的最早完成时间，图 4-24 所示的时标网络计划中，工作 A 和工作 H 的最早开始时间分别为 0 和 9，而其最早完成时间分别为 6 和 12。

（2）工作总时差的判定。工作总时差的判定应从网络计划的终点节点开始，逆着箭线方向依次进行。

①以终点节点为完成节点的工作，其总时差应等于计划工期与本工作最早完成时间之差，即：

$$TF_{i-n} = T_p + EF_{i-n} \qquad (4-30)$$

式中　TF_{i-n}——以网络计划终点节点 n 为完成节点的工作的总时差；

　　　T_p——网络计划的计划工期；

　　　EF_{i-n}——以网络计划终点节点 n 为完成节点的工作的最早完成时间。

②其他工作的总时差等于其紧后工作的总时差加本工作与该紧后工作间的时间间隔所得之和的最小值，即：

$$TF_{i-j} = \min \{ TF_{j-k} + LAG_{i-j,j-k} \} \qquad (4-31)$$

式中　TF_{i-j}——工作 $i—j$ 的总时差；

　　　TF_{j-k}——工作 $i—j$ 的紧后工作 $j—k$（非虚工作）的总时差；

　　　$LAG_{i-j,j-k}$——工作 $i—j$ 与其紧后工作 $j—k$（非虚工作）之间的时间间隔。

4.4.2.4　工作自由时差的判定

（1）终点节点为完成节点的工作，其自由时差应等于计划工期与本工作最早完成时间之差，以终点节点为完成节点的工作，其自由时差与总时差必然相等。即：

$$FF_{i-n} = T_p - EF_{i-n} \qquad (4-32)$$

式中　FF_{i-n}——以网络计划终点节点 n 为完成节点的工作的总时差；

　　　T_p——网络计划的计划工期；

　　　EF_{i-n}——以网络计划终点节点 n 为完成节点的工作的最早完成时间。

（2）其他工作的自由时差就是该工作箭线中波形线的水平投影长度。当工作之后只紧接虚工作时，则该工作箭线上一定不存在波形线，而其紧接的虚箭线中波形线水平投影长度的最短者为该工作的自由时差。

4.4.2.5　工作最迟开始时间和最迟完成时间的判定

（1）工作的最迟开始时间等于本工作的最早开始时间与其总时差之和，即：

$$LS_{i-j} = ES_{i-j} + TF_{i-j} \qquad (4-33)$$

式中　LS_{i-j}——工作 $i—j$ 的最迟开始时间；

　　　ES_{i-j}——工作 $i—j$ 的最早开始时间；

　　　TF_{i-j}——工作 $i—j$ 的总时差。

（2）工作的最迟完成时间等于本工作的最早完成时间与其总时差之和，即：

$$LF_{i-j} = EF_{i-j} + TF_{i-j} \qquad (4-34)$$

式中　LF_{i-j}——工作 $i-j$ 的最迟完成时间；

　　　EF_{i-j}——工作 $i-j$ 的最早完成时间；

　　　TF_{i-j}——工作 $i-j$ 的总时差。

图 4-24 所示的时标网络计划中时间参数的判定结果应与图 4-13 所示的网络计划时间参数的计算结果完全一致。

4.4.3 时标网络计划的坐标体系

时标网络计划的坐标体系，见表4-5。

表4-5 时标网络计划的坐标体系

分类	内容
计算坐标体系	计算坐标体系主要用作网络计划时间参数的计算。采用该坐标体系便于时间参数的计算，但不够明确。如按照计算坐标体系，网络计划所表示的计划任务从第0天开始，不易被理解。实际上应为从第1天开始或明确示出开始日期
工作日坐标体系	工作日坐标体系可明确示出各项工作在整个工程开工后第几天（上班时刻）开始和第几天（下班时刻）完成，但不能示出整个工程的开工日期和完工日期以及各项工作的开始日期和完成日期。在工作日坐标体系中，整个工程的开工日期和各项工作的开始日期分别等于计算坐标体系中整个工程的开工日期和各项工作的开始日期加1；而整个工程的完工日期和各项工作的完成日期就等于计算坐标体系中整个工程的完工日期和各项工作的完成日期
日历坐标体系	日历坐标体系可明确示出整个工程的开工日期和完工日期以及各项工作的开始日期和完成日期，还可扣除节假日休息时间

4.4.4 形象进度计划表

形象进度计划表是建设工程进度计划的一种表达方式，包括工作日形象进度计划表和日历形象进度计划表。

4.4.4.1 工作日形象进度计划表

工作日形象进度计划表是一种根据带有工作日坐标体系的时标网络计划编制的工程进度计划表，根据图4-25所示的时标网络计划编制的工作日形象进度计划见表4-6。

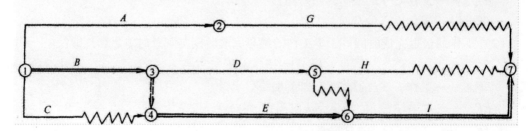

图4-25 双代号时标网络计划

表4-6 工作日形象进度计划表

序号	工作代号	工作名称	持续时间	最早开始时间	最早完成时间	最迟开始时间	最迟完成时间	自由时差	总时差	关键工作
1	1—2	A	6	1	6	5	10	0	4	否
2	1—3	B	4	1	4	1	4	0	0	是
3	1—4	C	2	1	2	3	4	2	2	否
4	3—5	D	5	5	9	6	10	0	1	否
5	4—6	E	6	5	10	5	10	0	0	是
6	2—7	G	5	7	11	11	15	4	4	否
7	5—7	H	3	10	12	13	15	3	3	否
8	6—7	I	5	11	15	11	15	0	0	是

4.4.4.2 日历形象进度计划表

日历形象进度计划表是一种根据带有日历坐标体系的时标网络计划编制的工程进度计划表，根据图4-25所示的时标网络计划编制的日历形象进度计划见表4-7。

表4-7 日历形象进度计划表

序号	工作代号	工作名称	持续时间	最早开始时间	最早完成时间	最迟开始时间	最迟完成时间	自由时差	总时差	关键工作
1	1—2	A	6	24/4	6/5	30/4	10/5	0	4	否
2	1—3	B	4	24/4	29/4	24/4	29/4	0	0	是
3	1—4	C	2	24/4	25/4	26/4	29/4	2	2	否
4	3—5	D	5	30/4	9/5	6/5	10/5	0	1	否
5	4—6	E	6	30/4	10/5	30/4	10/5	0	0	是
6	2—7	G	5	7/5	13/5	13/5	17/5	4	4	否
7	5—7	H	3	10/5	14/5	15/5	17/5	3	3	否
8	6—7	I	5	13/5	17/5	13/5	17/5	0	0	是

任务4.5 网络计划的优化

网络计划的优化是指在一定约束条件下按既定目标对网络计划进行不断改进，以寻求满意方案的过程。

网络计划的优化目标应按计划任务的需要和条件选定，包括工期目标、费用目标和资源目标。根据优化目标的不同，网络计划的优化可分为工期优化、费用优化和资源优化三种。

4.5.1　工期优化

工期优化是指在网络计划的计算工期不满足要求工期时，通过压缩关键工作的持续时间以满足要求工期目标的过程。

网络计划工期优化的基本方法是在不改变网络计划中各项工作间逻辑关系的前提下，通过压缩关键工作的持续时间优化目标。在工期优化过程中，应按照经济合理的原则，不能将关键工作压缩成非关键工作。此外，当工期优化过程中出现多条关键线路时，必须将各条关键线路的总持续时间压缩为相同数值；否则，不能有效地缩短工期。

（1）确定初始网络计划的计算工期和关键线路。

（2）按要求工期计算应缩短的时间 ΔT：

$$\Delta T = T_c - T_r \tag{4-35}$$

式中　T_c——网络计划的计算工期；

　　　T_r——要求工期。

（3）选择应缩短持续时间的关键工作。选择压缩对象时应在关键工作中考虑以下因素：

①缩短持续时间对质量和安全影响不大的工作；

②有充足备用资源的工作；

③缩短持续时间所需增加的费用最少的工作。

（4）将所选定的关键工作的持续时间压缩至最短，重新确定计算工期和关键线路。若被压缩时间的工作变成非关键工作，则应延长其持续时间，使之仍为关键工作。

（5）当计算工期仍超过要求工期时，重复上述（2）～（4），直至计算工期满足要求工期或计算工期已不能再缩短为止。

（6）当所有关键工作的持续时间均已达到其可缩短时间的极限而寻求不到继续缩短工期的方案，但网络计划的计算工期仍不能满足要求工期时，应对网络计划的原技术方案、组织方案进行调整，或对要求工期重新审定。

4.5.2　费用优化

费用优化，又称工期成本优化，是指寻求工程总成本最低时的工期安排，或按要求工期寻求最低成本的计划安排的过程。

4.5.2.1　费用和时间的关系

在建设工程施工过程中，完成一项工作通常可采用多种施工方法和组织方法，而不同的施工方法和组织方法会有不同的持续时间和费用。一项建设工程项目包含诸多工作，因此在安排建设工程进度计划时会出现很多方案。进度方案不同，其对应的总工期和总费用也就不同。为能从多种方案中找出总费用最低的方案，应进行以下关系分析：

（1）工程费用与工期的关系。工程总费用由直接费和间接费组成。直接费由人工费、材料费、机械使用费、其他直接费及现场经费等组成，直接费会随着工期的缩短而增加；间接费包括企业经营管理的全部费用，其会随着工期的缩短而减少。在考虑工程总费用时，还应考虑工期变化带来的其他损益，包括效益增量和资金的时间价值等。工程费用与工期的关系，如图 4-26 所示。

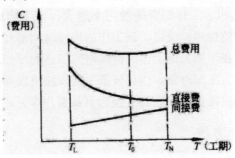

T_L—最短工期；T_0—最优工期；T_N—正常工期

图 4-26　工程费用—工期曲线

（2）工作直接费与持续时间的关系。网络计划的工期取决于关键工作的持续时间，因此为了进行工期成本优化，必须分析网络计划中各项工作的直接费与持续时间之间的关系，其之间的关系是网络计划工期费用优化的基础。

工作的直接费与持续时间之间的关系类似于工程直接费与工期之间的关系，工作的直接费随着持续时间的缩短而增加，如图 4-27 所示。为简化计算，工作的直接费与持续时间之间的关系被认为是一条直线关系。当工作划分不是很粗时，其计算结果比较精确。

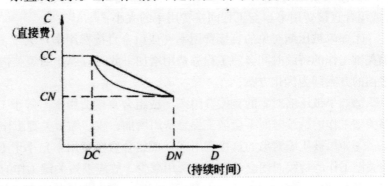

DN—工作的正常持续时间；CN—按正常持续时间完成工作时所需的直接费；
DC—工作的最短持续时间；CC—按最短持续时间完成工作时所需的直接费

图 4-27　工程直接费—持续时间曲线

工作持续时间每缩短单位时间而增加的直接费称为直接费用率，直接费用率可按下式计算：

$$\Delta C_{i-j} = \frac{CC_{i-j} - CN_{i-j}}{DN_{i-j} - DC_{i-j}} \qquad (4-36)$$

式中 ΔC_{i-j}——工作 i—j 的直接费用率；

CC_{i-j}——按最短持续时间完成工作 i—j 时所需的直接费；

CN_{i-j}——按正常持续时间完成工作 i—j 时所需的直接费；

DN_{i-j}——工作 i—j 的正常持续时间；

DC_{i-j}——工作 i—j 的最短持续时间。

从式（4-36）可以看出，工作的直接费用率越大，该工作的持续时间缩短一个时间单位，所需增加的直接费就越多；反之，该工作的持续时间缩短一个时间单位，所需增加的直接费就越少。因此，在压缩关键工作的持续时间以达到缩短工期的目的时，应将直接费用率最小的关键工作作为压缩对象。当有多条关键线路出现而需要同时压缩多个关键工作的持续时间时，应将其直接费用率之和（组合直接费用率）的最小者作为压缩对象。

4.5.2.2 费用优化方法

费用优化的基本思路：不断地在网络计划中找出直接费用率（或组合直接费用率）最小的关键工作，缩短其持续时间，同时还应考虑间接费随工期缩短而减少的数值，求得工程费用最低时的最优工期安排或按要求工期求得最低成本的计划安排。

（1）按工作的正常持续时间确定计算工期和关键线路。

（2）计算各项工作的直接费用率，直接费用率按式（4-36）进行计算。

（3）当只有一条关键线路时，应将直接费用率最小的一项关键工作作为缩短持续时间的对象；当有多条关键线路时，应将组合直接费用率最小的一组关键工作作为缩短持续时间的对象。

（4）对于选定的压缩对象（一项关键工作或一组关键工作），应比较其直接费用率（或组合直接费用率）与工程间接费用率的大小：

①如果被压缩对象的直接费用率（或组合直接费用率）大于工程间接费用率，说明压缩关键工作的持续时间会使工程总费用增加，此时应停止缩短关键工作的持续时间，在此之前的方案即为优化方案；

②如果被压缩对象的直接费用率（或组合直接费用率）等于工程间接费用率，说明压缩关键工作的持续时间不会使工程总费用增加，故应缩短关键工作的持续时间；

③如果被压缩对象的直接费用率（或组合直接费用率）小于工程间接费用率，说明压缩关键工作的持续时间会使工程总费用减少，故应缩短关键工作的持续时间。

（5）当需要缩短关键工作的持续时间时，其缩短值的确定必须符合下列两条原则：

①缩短后工作的持续时间不能小于其最短持续时间；

②缩短持续时间的工作不能变成非关键工作。

（6）计算关键工作持续时间缩短后相应增加的总费用。

（7）重复上述步骤（3）—（6），直至计算工期满足要求工期或被压缩对象的直接费用率（或组合直接费用率）大于工程间接费用率为止。

（8）计算优化后的工程总费用。

4.5.3 资源优化

4.5.3.1 "资源有限，工期最短"的优化

（1）按照各项工作的最早开始时间安排进度计划，计算网络计划每个时间单位的资源需用量。

（2）从计划开始日期起，检查每个时段（每个时间单位资源需用量相同的时段）资源需用量是否超过所能供应的资源限量。如果在整个工期范围内每个时段的资源需用量均能满足资源限量的要求，则可行优化方案编制完成；否则，必须转入下一步，进行计划的调整。

（3）分析超过资源限量的时段。如果在该时段内有几项工作平行作业，则应采取将一项工作安排在与之平行的另一项工作后进行的方法，以降低该时段的资源需用量。

对于两项平行作业的工作 m 和工作 n，为了降低相应时段的资源需用量，将工作 n 安排在工作 m 之后进行，如图4-28 所示。

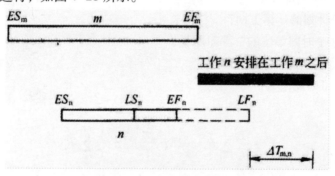

图4-28 m，n 两项工作的排序

如果将工作 n 安排在工作 m 之后进行，网络计划的工期延长值为：

$$\begin{aligned}
\Delta T_{m,n} &= EF_m + D_n + LF_n \\
&= EF_m - (LF_n - D_n) \\
&= EF_m - LS_n
\end{aligned} \tag{4-37}$$

式中 $\Delta T_{m,n}$——将工作 n 安排在工作 m 之后，进行时网络计划的工期延长值；

EF_m——工作 m 的最早完成时间；

D_n——工作 n 的持续时间；

LF_n——工作 n 的最迟完成时间；

LS_n——工作 n 的最迟开始时间。

因此，在有资源需用量冲突的时段中，将平行作业的工作进行排序，即可得出若干个 $\Delta T_{m,n}$；选择最小的 $\Delta T_{m,n}$，将相应的工作 n 安排在工作 m 之后进行可降低该时段的资源需用量，且能使网络计划的工期延长期最短。

（4）对调整后的网络计划安排重新计算每个时间单位的资源需用量。

（5）重复上述（2）—（4），直至网络计划整个工期范围内每个时间单位的资源需用量均满足资源限量为止。

4.5.3.2 "工期固定，资源均衡"的优化

安排建设工程项目进度计划时，应使资源需用量尽可能地均衡，使整个工程单位时间的资源需用量不出现过多的高峰和低谷，这样不仅有利于工程建设的组织与管理，而且可以降低工程费用。

"工期固定，资源均衡"的优化方法有多种，如方差值最小法、极差值最小法、削高峰法等。这里仅介绍方差值最小的优化方法。

1. 方差值最小法的基本原理

设已知某工程网络计划的资源需求量 R，则其方差为：

$$\sigma^2 = \frac{1}{T} \sum_{t=1}^{T} (R_t - R_m)^2 \qquad (4-38)$$

式中 σ^2——资源需用量方差；

T——网络计划的计算工期；

R_t——第 t 个时间单位的资源需用量；

R_m——资源需用量的平均值。

式（4-38）可以简化为：

$$
\begin{aligned}
\sigma^2 &= \frac{1}{T} \sum_{t=1}^{T} R_t^2 - 2R_m \frac{\sum\limits_{t=1}^{T} R_t}{T} + \frac{1}{T} \sum_{t=1}^{T} R_m^2 \\
&= \frac{1}{T} \sum_{t=1}^{T} R_t^2 - 2R_m R_m + \frac{1}{T} T R_m^2 \\
&= \frac{1}{T} \sum_{t=1}^{T} R_t^2 - R_m^2
\end{aligned}
\qquad (4-39)
$$

由式（4-39）可知，工期 T 和资源需用量的平均值 R_m 均为常数，为使方差 σ^2 最小，应使资源需用量的平方和最小。

对网络计划中的某项工作 k 而言，其资源强度为 rk。在调整计划前，工作 k 从第 i 个时间单位开始，到第 j 个时间单位完成，则此时网络计划资源需用量的平方和为：

$$\sum_{t=1}^{T} R_{t0}^2 = R_1^2 + R_2^2 + \cdots + R_i^2 + R_{i+1}^2 + \cdots + R_j^2 + R_{j+1}^2 + \cdots + R_T^2 \quad (4-40)$$

若将工作 k 的开始时间右移一个时间单位，即工作 k 从第 $i+1$ 个时间单位开始，到第 $j+1$ 个时间单位完成，则此时网络计划资源需用量的平方和为：

$$\sum_{t=1}^{T} R1_{t1}^2 = R_1^2 + R_2^2 + \cdots + (R_i + r_k)^2 + R_{i+1}^2 + \cdots + R_j^2 + (R_{j+1} + r_k)^2 + \cdots + R_T^2$$

$$(4-41)$$

比较公式（4-40）和公式（4-41）可以得到，当工作 k 的开始时间右移一个时间单位时，网络计划资源需用量平方和的增量为：

$$\Delta = (R_i - r_k)^2 - R_i^2 + (R_{j+1} + r_k)^2 - R_{j+1}^2$$

即：
$$\Delta = 2r_k(R_{j+1} + r_k - R_i) \tag{4-42}$$

如果资源需用量平方和的增量为负值，则说明工作 k 的开始时间右移一个单位能使资源需用量的平方和减小，资源需用量的方差减小，从而使资源需用量得到均衡。因此，工作 k 的开始时间能够右移的判别式是：

$$\Delta = 2r_k(R_{j+1} + r_k - R_j) \le 0 \tag{4-43}$$

由于工作 k 的资源强度 r_k 不能为负值，故判别式（4-43）可以简化为：

$$R_{j+1} + r_k - R_i \le 0$$

即：
$$R_{j+1} + r_k \le R_i \tag{4-44}$$

判别式（4-44）表明，当网络计划中工作 k 完成时间之后的一个时间单位所对应的资源需用量 R_{j+1} 与工作 k 的资源强度 r_k 之和不超过工作 k 开始时所对应的资源需用量 R_i 时，将工作 k 右移一个时间单位可使资源需用量更加均衡，此时应将工作 k 右移一个时间单位。同理，如果判别式（4-45）成立，则说明将工作 k 左移一个时间单位可使资源需用量更加均衡。此时，应将工作 k 左移一个时间单位：

$$R_{i-1} + r_k \le R_j \tag{4-45}$$

如果工作 k 不满足判别式（4-44）或判别式（4-45），说明工作 k 右移或左移一个时间单位不能使资源需用量更加均衡，此时应考虑在其总时差允许的范围内，将工作 k 右移或左移数个时间单位。

向右移时，其判别式为：

$$\left[(R_{j+1}+r_k)+(R_{j+2}+r_k)+(R_{j+3}+r_k)+\cdots\right] \le \left[R_i+R_{i+1}+R_{i+2}+\cdots\right] \tag{4-46}$$

向左移时，其判别式为：

$$\left[(R_{i-1}+r_k)+(R_{i-2}+r_k)+(R_{i-3}+r_k)+\cdots\right] \le \left[R_j+R_{j-1}+R_{j-2}+\cdots\right] \tag{4-47}$$

2. 优化步骤

（1）按照各项工作的最早开始时间安排进度计划，计算网络计划每个时间单位的资源需用量。

（2）从网络计划的终点节点开始，按工作完成节点编号从大到小的顺序依次进行调整。当某一节点同时作为多项工作的完成节点时，应先调整开始时间较迟的工作。在调整工作时，一项工作可右移或左移的条件是：

①工作具有机动时间，在不影响工期的前提下可右移或左移；

②工作满足判别式（4-44）或判别式（4-45），或者满足判别式（4-46）或判别式（4-47）。

③只有同时满足以上两个条件，才能调整该工作，将其右移或左移至相应位置。

（3）当所有工作均按上述顺序自右向左调整一次后，为使资源需用量更加均衡，在按上述顺序自右向左进行多次调整，直至所有工作不能右移、左移为止，这一步为最关键的步骤。

任务 4.6 单代号搭接网络计划

4.6.1 搭接关系的种类及表达方式

在搭接网络计划中，工作间的搭接关系是由相邻两项工作间的不同时距决定的。时距是在搭接网络计划中相邻两项工作间的时间差值。

4.6.1.1 结束到开始（FTS）的搭接关系

结束到开始的搭接关系如图4-29（a）所示；其在网络计划中的表达方式如图4-29（b）所示。

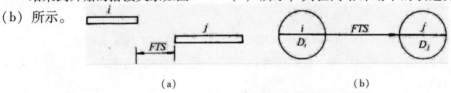

（a）   （b）

（a）搭接关系；（b）网络计划中的表达方式

图4-29 *FTS* 搭接关系及其在网络计划中的表达方式

当 *FTS* 时距为零时，则说明本工作与其紧后工作间紧密衔接。当网络计划中所有相邻工作只有 *FTS* 一种搭接关系且其时距均为零时，整个搭接网络计划就成为单代号网络计划。

4.6.1.2 开始到开始（STS）的搭接关系

开始到开始的搭接关系如图4-30（a）所示；其在网络计划中的表达方式如图4-30（b）所示。

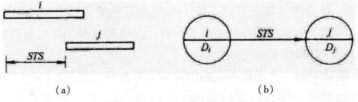

（a）   （b）

（a）搭接关系；（b）网络计划中的表达方式

图4-30 *STS* 搭接关系及其在网络计划中的表达方式

4.6.1.3　结束到结束（FTF）的搭接关系

结束到结束的搭接关系如图 4-31（a）所示；其在网络计划中的表达方式如图 4-31（b）所示。

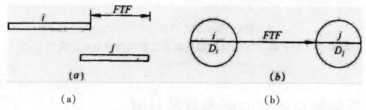

（a）搭接关系；（b）网络计划中的表达方式

图 4-31　*FTF* 搭接关系及其在网络计划中的表达方式

4.6.1.4　开始到结束（STF）的搭接关系

开始到结束的搭接关系如图 4-32（a）所示；其在网络计划中的表达方式如图 4-32（b）所示。

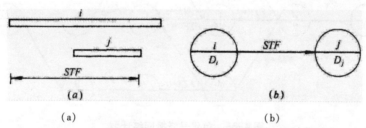

（a）搭接关系；（b）网络计划中的表达方式

图 4-32　STF 搭接关系及其在网络计划中的表达方式

4.6.1.5　混合搭接关系

在搭接网络计划中，除上述四种基本搭接关系外，相邻两项工作间有时还会同时出现两种以上的基本搭接关系。如工作 i 和工作 j 之间可能同时存在 *STS* 时距和 *FTF* 时距，或同时存在 *STF* 时距和 *FTS* 时距等。混合搭接关系及其在网络计划中的表达方式如图 4-33 和图 4-34 所示。

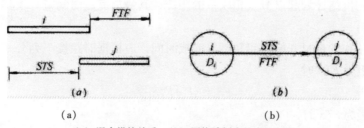

（a）混合搭接关系；（b）网络计划中的表达方式

图 4-33　*STS* 和 *FTF* 混合搭接关系及其在网络计划中的表达方式

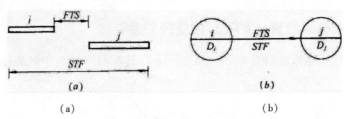

（a）　　　　　　　　　　　　　（b）

（a）混合搭接关系；（b）网络计划中的表达方式

图 4-34 *STF* 和 *FTS* 混合搭接关系及其在网络计划中的表达方式

4.6.2　搭接网络计划时间参数的计算

单代号搭接网络计划时间参数的计算与前述单代号网络计划和双代号网络计划时间参数的计算原理基本相同，以图 4-35 所示的单代号搭接网络计划为例，说明其计算方法。

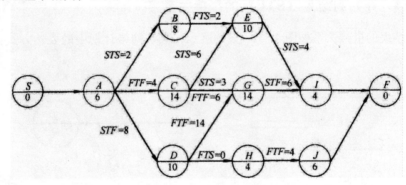

图 4-35　单代号搭接网络计划

4.6.2.1　计算工作的最早开始时间和最早完成时间

工作最早开始时间和最早完成时间的计算应从网络计划的起点节点开始，沿着箭线方向依次进行。

（1）在单代号搭接网络计划中的起点节点一般都代表虚工作，故其最早开始时间和最早完成时间均为零。

（2）凡是与网络计划起点节点联系的工作，其最早开始时间为零。

（3）凡是与网络计划起点节点相联系的工作，其最早完成时间应等于其最早开始时间与持续时间之和。

（4）其他工作的最早开始时间和最早完成时间，应根据时距按下列公式计算：

①相邻时距为 *FTS* 时，

$$ES_j = EF_i + FTS_{i,j} \tag{4-48}$$

②相邻时距为 *STS* 时，

$$ES_j = ES_i + STS_{i,j} \tag{4-49}$$

③相邻时距为 FTF 时，

$$EF_j = EF_i + FTF_{i,j} \tag{4-50}$$

④相邻时距为 STF 时，

$$EF_j = ES_i + STF_{i,j} \tag{4-51}$$

$$EF_j = ES_j + D_j \tag{4-52}$$

$$ES_j = EF_j - D_j \tag{4-53}$$

式中　ES_i——工作 i 的最早开始时间；

ES_j——工作 i 紧后工作 j 的最早开始时间；

EF_i——工作 i 的最早完成时间；

EF_j——工作 i 紧后工作 j 的最早完成时间；

D_j——工作 j 的持续时间；

$FTS_{i,j}$——工作 i 与工作 j 之间完成到开始的时距；

$STS_{i,j}$——工作 i 与工作 j 之间开始到开始的时距；

$FTF_{i,j}$——工作 i 与工作 j 之间完成到完成的时距；

$STF_{i,j}$——工作 i 与工作 j 之间开始到完成的时距。

4.6.2.2　计算相邻两项工作间的时间间隔

由于相邻两项工作间的搭接关系不同，其时间间隔的计算方法也有所不同。

（1）搭接关系为结束到开始（FTS）时的时间间隔。如果在搭接网络计划中出现 $ES_j >$（$EF_i + FTS_{i,j}$）的情况时，则说明在工作 i 和工作 j 之间存在时间间隔 $LAG_{i,j}$，如图 4-36 所示。

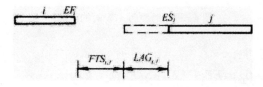

图 4-36　时距为 FTS 时的时间间隔

如图 4-36 所示，可得：

$$LAG_{i,j} = ES_j - EF_i - FTS_{i,j} \tag{4-54}$$

（2）搭接关系为开始到开始（STS）时的时间间隔。如果在搭接网络计划中出现 $ES_j >$（$ES_i + STS_{i,j}$）的情况时，则说明在工作 i 和工作 j 之间存在时间间隔 $LAG_{i,j}$，如图 4-37 所示。

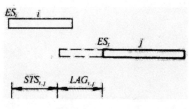

图 4-37　时距为 STS 时的时间间隔

如图 4-37 所示，可得：

$$LAG_{i,j}=ES_j+ （ES_i+STS_{i,j}） = ES_j-ES_i-STS_{i,j} \tag{4-55}$$

（3）搭接关系为结束到结束（FTF）时的时间间隔。如果在搭接网络计划中出现 $EF_j>$ （$EF_i+FTF_{i,j}$）的情况时，则说明在工作 i 和工作 j 之间存在时间间隔 $LAG_{i,j}$，如图 4-38 所示。

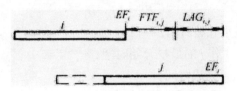

图 4-38 时距为 FTF 时的时间间隔

如图 4-38 所示，可得：

$$LAG_{i,j}=EF_j- （EF_i-FTF_{i,j}） = EF_j-EF_i-TFT_{i,j} \tag{4-56}$$

（4）搭接关系为开始到结束（STF）时的时间间隔。如果在搭接网络计划中出现 $EF_j>$ （$ES_i+STF_{i,j}$）的情况时，则说明在工作 i 和工作 j 之间存在时间间隔 $LAG_{i,j}$，如图 4-39 所示。

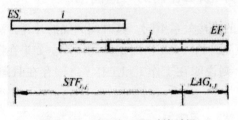

图 4-39 时距为 STF 时的时间

如图 4-39 所示，可得：

$$LAG_{i,j}=EF_j- （ES_i+STF_{i,j}） = EF_j-ES_i-STF_{i,j} \tag{4-57}$$

（5）混合搭接关系时的时间间隔。当相邻两项工作间存在两种时距及以上的搭接关系时，应分别计算出时间间隔，取其中的最小值，即：

$$LAG_{i,j} = \min \begin{cases} ES_j - EF_i - FTS_{i,j} \\ ES_j - ES_i - STS_{i,j} \\ EF_j - EF_i - FTF_{i,j} \\ EF_j - ES_i - STF_{i,j} \end{cases} \tag{4-58}$$

根据上述计算公式可计算出相邻两项工作间的时间间隔，其计算结果如图 4-40 所示。

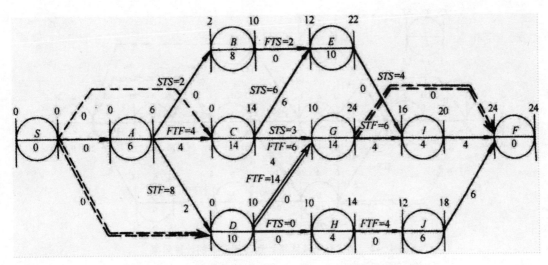

图 4-40　单代号搭接网络计划中时间间隔的计算结果

4.6.2.3　计算工作的时差

搭接网络计划同前述简单的网络计划一样，其工作的时差也有总时差和自由时差两种。

（1）工作的总时差

搭接网络计划中工作的总时差可用式（4-26）和式（4-27）计算。在计算出总时差后，需根据总时差计算公式 $LF_i = EF_i + TF_i$ 进行计算，判别该工作的最迟完成时间是否超出计划工期。

如图 4-41 所示，工作 E 的总时差为 4，其最迟完成时间为 22+4＝26，将超出计划工期 24。因此，将工作 E 与虚工作 F（终点节点）用虚箭线相连，明显不合理。此时，工作 E 与虚工作 F 之间的时间间隔为 2，而工作的总时差也为 2，工作总时差计算结果，如图 4-42。

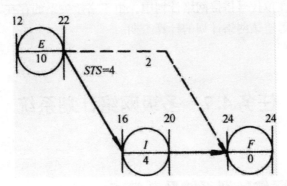

图 4-41　工作 E 与终点节点用虚箭线相连后的局部网络计划

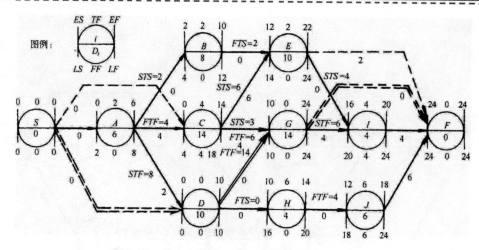

图 4-42　单代号搭接网络计划时间参数的计算结果

（2）工作的自由时差

搭接网络计划中工作的自由时差可用式（4-28）和式（4-29）进行计算，其计算结果，如图 4-42 所示。

4.6.2.4　计算工作的最迟完成时间和最迟开始时间

工作的最迟完成时间和最迟开始时间，可根据总时差计算公式 $LF_i = EF_i + TF_i$ 或 $LS_i = ES_i + TF_i$ 进行计算，其计算结果如图 4-42 所示。

4.6.2.5　确定关键线路

可利用相邻两项工作间的时间间隔判定关键线路，即从搭接网络计划的终点节点开始，逆着箭线方向找出相邻两项工作间时间间隔为零的线路，该路线就是关键线路。关键线路上的工作即为关键工作，关键工作的总时差最小。

需要说明的是，在单代号搭接网络计划中，由于搭接关系的存在，关键线路上工作的持续时间之和不一定等于该网络计划的计算工期。

任务 4.7　多级网络计划系统

4.7.1　多级网络计划系统及其特点

4.7.1.1　多级网络计划系统的概念

多级网络计划系统是指由处于不同层级且相互有关联的若干网络计划所组成的系统。

在该系统中，处于不同层级的网络计划既可以进行分解，成为若干独立的网络计划，又可以进行综合，形成一个多级网络计划系统。

如图4-43所示，某地铁工程施工进度多级网络计划系统中，区间隧道施工进度网络计划、车站施工进度网络计划和车辆段施工进度网络计划等是整个地铁工程施工总进度网络计划的子网络，而各个区间隧道、各个车站的施工进度网络计划又分别是区间隧道施工进度网络计划和车站施工进度网络计划的子网络等。这些网络计划既可分解成独立的网络计划，又可综合成一个多级网络计划系统。在建设工程实施过程中，总监理工程师应根据进度控制工作的需要，对工程网络计划进行分解和综合。

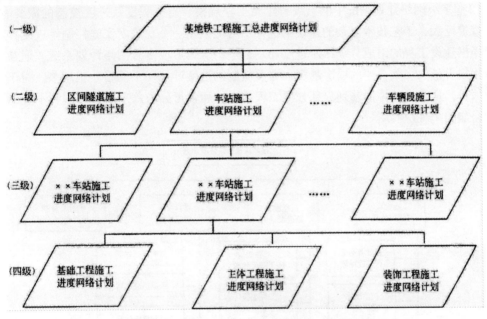

图4-43 某地铁工程施工进度多级网络计划系统

（1）分解网络计划的目的：

①便于不同层级的进度控制人员将精力集中于各自负责的子项目上，明确职责分工；

②在进度计划实施的过程中，处于不同层级的进度控制人员可以相对独立地检查和监督所负责的子网络计划的实施情况，不必考虑整个网络计划系统的实施情况；

③可在整个网络计划系统中找出关键子网络，便于重点监督和控制；

④提高网络计划时间参数的计算速度，节省时间。

（2）综合网络计划的目的：

①便于掌握各子网络之间的相互衔接和制约关系；

②便于进行建设工程总体进度计划的综合平衡；

③便于从局部和整体两方面了解工程建设实施情况；

④能够及时分析子网络出现的进度偏差对各个不同层级进度分目标及进度总目标的影响程度；

⑤使进度计划的调整既能考虑局部，又能保证整体。

4.7.1.2 多级网络计划系统的特点

（1）多级网络计划系统分阶段逐步深化，其编制过程是一个由浅入深、从顶层到底层、由粗到细的过程，且贯穿在该实施计划系统的始末。如果多级网络计划系统是针对工程项目建设总进度计划而言的，由于工程设计及施工尚未开始，诸多子项目还未形成，此时不可能编制出某个子项目在施工阶段的实施性进度计划。即使是针对施工总进度计划的多级网络计划系统，在编制施工总进度计划时，也不可能同时编制单位工程或分部分项工程详细的实施计划。

（2）多级网络计划系统中的层级与建设工程规模、复杂程度及进度控制的需要有关。一个规模巨大、工艺技术复杂的建设工程，不可能只用一个总进度实施控制。进度控制人员应根据建设工程的组成分级编制进度计划，经综合后形成多级网络计划系统。通常，建设工程规模越大，其分解的层次越多，需要编制的进度计划（子网络）也越多。对于大型建设项目，从建设总体部署到分部分项工程施工，通常可分为六个层级来编制不同的网络计划，如图4-44所示。

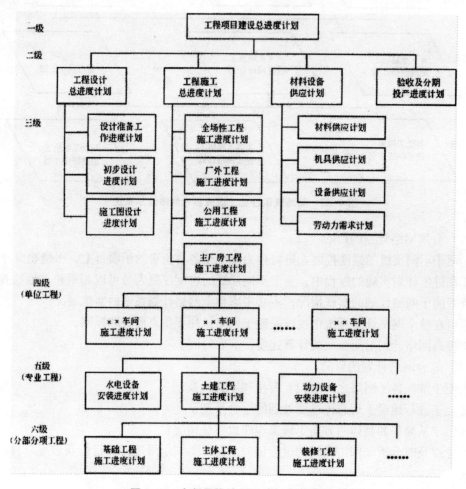

图4-44 多级网络计划系统组成示意图

（3）在多级网络计划系统中，不同层级的网络计划，应由不同层级的进度控制人员编制。总体网络计划由决策层人员编制，局部网络计划由管理层人员编制，细部网络计划则由作业层管理人员编制。局部网络计划需在总体网络计划的基础上进行编制，细部网络计划需在局部网络计划的基础上进行编制。反过来又以细部保局部，以局部保全局。

（4）多级网络计划系统可随时进行分解和综合，既可将其分解成若干个独立的网络计划，又可在需要时将这些相互有关联的独立网络计划综合成一个多级网络计划系统。

4.7.2　多级网络计划系统的编制原则和方法

4.7.2.1　编制原则

根据多级网络计划系统的特点编制原则，见表 4-8。

表 4-8　多级网络计划编制原则

原则	内容
整体优化原则	编制多级网络计划系统应从建设工程整体角度出发，进行全面分析，统筹安排。有些计划安排从局部看是合理的，但在整体上并不一定合理。因此，应先编制总体进度计划，再编制局部进度计划，以局部计划保证总体优化目标的实现
连续均衡原则	编制多级网络计划系统应保证实施建设工程所需资源的连续性和资源需用量的均衡性，也是一种优化。资源能够连续均衡使用，可降低工程建设成本
简明适用原则	过分庞大的网络计划不便于识图，也不便于使用。应根据建设工程实际情况，按不同的管理层级和管理范围编制简明适用的网络计划

4.7.2.2　编制方法

（1）自顶向下。自顶向下是指编制多级网络计划系统时，应先编制总体网络计划，在此基础上编制局部网络计划，在局部网络计划的基础上编制细部网络计划。

（2）分级编制。分级编制网络计划应与科学编码相结合，以便于利用计算机进行绘图、计算和管理。分级的多少应视工程规模、复杂程度及组织管理的需要而定，可以是二级、三级，也可以是四级、五级，必要时还可以再分级。

4.7.2.3　图示模型

多级网络计划系统的图示模型如图 4-45 所示，该系统含有二级网络计划。这些网络计划既独立，又存在联系；既可以分解成一个个独立的网络计划，又可以综合成一个多级网络计划系统。

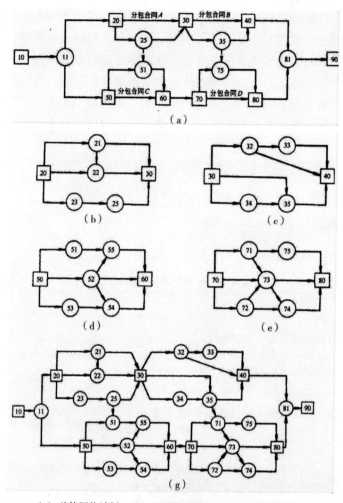

（a）总体网络计划；（b）子网络计划；（c）子网络计划 B；
（d）子网络计划 C；（e）子网络计划 D；（f）综合网络计划

图4-45　多级网络计划系统

思考题

4-1　网络图的组成及分类有哪两种？

4-2　工作持续时间和工期的概念是什么？工期的种类有哪些？

4-3　费用优化指的是什么？又被称为什么？

4-4　搭接关系的种类有哪些？

4-5　多级网络计划系统的概念及其编制原则是什么？

项目 5　施工组织总设计与单位施工组织设计

任务 5.1　施工组织总设计和单位施工组织设计概述

5.1.1　施工组织总设计

5.1.1.1　施工组织总设计

施工组织总设计是以一个建筑项目或建筑群为对象，根据初步设计或扩大初步设计图纸及其他有关资料和现场施工条件编制，用以指导整个施工现场各项施工准备和组织施工活动的技术经济文件。施工组织总设计一般由建设总承包单位或工程项目经理部的工程师编制，其主要作用是：

（1）为建筑项目或建筑群的施工做出全局性的战略部署；

（2）为做好施工准备工作、保证资源供应提供依据；

（3）为建设单位编制工程建设计划提供依据；

（4）为施工单位编制施工计划和单位工程施工组织设计提供依据；

（5）为组织整个施工作业提供科学的方案和实施步骤；

（6）为确定设计方案的施工可行性和经济合理性提供依据。

5.1.1.2　施工组织总设计编制依据

要保证施工组织总设计的编制工作顺利进行并提高质量，使设计文件更能结合工程实际情况，更好地发挥施工组织总设计的作用。编制施工组织总设计的编制依据，见表5-1。

表 5-1 施工组织总设计编制依据

依据	内容
计划文件及有关合同	计划文件及有关合同，包括国家批准的基本建设计划、可行性研究报告、工程项目一览表、分期分批施工项目和投资计划、主管部门的批件、施工单位上级主管部门下达的施工任务计划、招标投标文件及签订的工程承包合同、工程材料和设备的订货合同等
设计文件及有关资料	设计文件及有关资料，包括建设项目的初步设计与扩大初步设计或技术设计的有关图纸、设计说明书、建筑总平面图、建设地区区域平面图、建筑竖向设计、总概算或修正概算等
工程勘察和原始资料	工程勘察和原始资料，包括建设地区的地形、地貌、工程地质及水文地质、气象等自然条件；交通运输、能源、预制构件、建筑材料、水电供应及机械设备等技术经济条件；建设地区的政治、经济、文化、生活、卫生等社会生活条件
现行规范、规程和有关技术规定	现行规范、规程和有关技术规定，包括国家现行的施工及验收规范、操作规程、定额、技术规定和技术经济指标
其他	类似工程的施工组织总设计和有关参考资料

5.1.1.3 施工组织总设计编制内容和程序

施工组织总设计编制内容应根据项目工程的性质、规模、工期、结构的特点及施工条件的不同而有所不同。施工组织总设计包括下列内容：工程概况及特点分析、施工部署和主要工程项目的施工方案、施工总进度计划、施工资源需用量计划、施工准备工作计划、施工总平面图和主要技术经济指标等。施工组织总设计的编制程序，如图 5-1 所示。

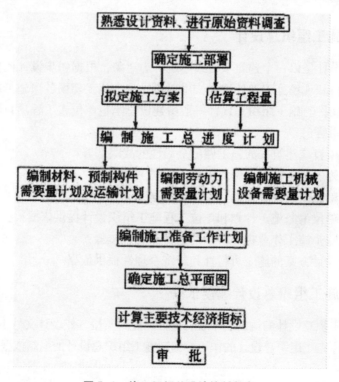

图 5-1 施工组织总设计编制程序

5.1.1.4 工程概况及特点分析

（1）建筑项目特点包括工程性质、建设地点、建筑规模、总工期、总占地面积、总建筑面积、分期分批投入使用的项目和工期、总投资、主要工种工程量、设备安装及其吨数、建筑安装工程量、生产流程和工艺特点、建筑结构类型、新技术、新材料、新工艺的复杂程度和应用情况等。

（2）建设地区特征包括地形、地貌、水文、地质、气象等情况；建设地区的资源、交通、运输、水、电、劳动力、生活设施等情况。

（3）施工条件及其他内容包括施工企业的生产能力、技术装备、管理水平、主要设备、材料和特殊物资供应情况；有关建设项目的决议、合同、协议、土地征用范围、数量和居民搬迁时间等情况。

5.1.2 单位施工组织设计概述

5.1.2.1 单位工程施工组织设计的编制依据

（1）主管部门的批示文件及有关要求主要有上级部门对工程的有关指示和要求、建设单位对施工的要求、施工合同中的有关规定等。

（2）经过会审的施工图包括单位工程的全套施工图纸、图纸会审纪要及有关标准图。

（3）施工企业年度施工计划主要有工程开工、竣工日期的规定以及与其他项目穿插施工的要求等。

（4）施工组织总设计是整个建筑项目中的一个项目，应把施工组织总设计作为编制的依据。

（5）工程预算文件及有关定额应有详细的分部分项工程量。必要时应有分层、分段、分部位的工程量，使用工程预算定额和施工定额。

（6）建设单位对工程施工可能提供的条件主要有供水、供电、供热的情况及可用为临时办公、仓库、宿舍的施工用房等。

（7）施工条件。

（8）施工现场的勘察资料主要有高程、地形、地质、水文、气象、交通运输、现场障碍物等情况，以及工程地质勘察报告、地形图、测量控制网。

（9）有关的规范、规程和标准，主要有《建筑工程施工质量验收统一标准》等14项建筑工程施工质量验收规范及《建筑安装工程技术操作规程》等。

（10）有关的参考资料及施工组织设计实例。

5.1.2.2 单位工程施工组织设计的编制程序

单位工程施工组织设计的编制程序是指单位工程施工组织设计各个组成部分形成的先后顺序及相互间的制约关系，如图5-2所示。

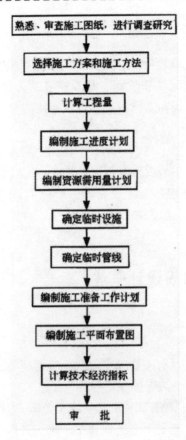

图 5-2 单位工程施工组织设计编制程序

5.1.2.3 单位工程施工组织设计的内容

根据工程的性质、规模、结构特点、技术复杂难易程度和施工条件等的不同，单位工程施工组织设计编制内容的深度和广度也不相同。单位工程组织设计，包括下列内容：

（1）工程概况及施工特点分析主要包括工程建筑概况、设计概况、施工特点分析和施工条件等内容。

（2）施工方案包括确定各分部分项工程的施工顺序、施工方法和选择适宜的施工机具，制定主要技术组织措施。

（3）单位工程施工进度计划表主要包括确定各分部分项工程名称、计算工程量、计算劳动量和机械台班量、计算工作延续时间、确定施工班组人数及安排施工进度，编制施工准备工作计划及劳动力、主要材料、预制构件、施工机具需用量计划等内容。

（4）单位工程施工平面图主要包括确定起重垂直运输机械、搅拌站、临时设施、材料及预制构件堆场布置、运输道路布置、临时供水、供电管线的布置等内容。

（5）主要技术经济指标包括工期指标、工程质量指标、安全指标、降低成本指标等内容。

对于建筑结构比较简单、工程规模比较小、技术要求比较低，且采用传统施工方法组织施工的一般工业与民用建筑，其施工组织设计可编制得简单些，可只包括施工方案、施工进度表、施工平面图，辅以扼要的文字说明，简称为"一案一表一图"。

任务 5.2　施工组织总设计

5.2.1　施工部署

5.2.1.1　工程开展程序

确定建设项目中各项工程的合理开展程序是关系整个建设项目能否尽快投产使用的关键。对于一些大中型工业建设项目，应根据建设项目总目标的要求，分期分批建设，既可使各个具体项目尽快建成，尽早投入使用，又可在全局上实现施工的连续性和均衡性，减少临时设施工程数量，降低工程成本。如何分期施工，分几期施工，每期工程包含哪些项目，则应根据生产工艺要求、建设部门要求、工程规模大小和施工难易程度、资金、技术等情况，由建设单位和施工单位共同研究确定。

大中型民用建设项目（如居民小区）应分期分批建设。除考虑住宅外，还应考虑幼儿园、学校、商店和其他公共设施的建设，以便交付使用后能尽早发挥其经济效益、社会效益和环境保护效益。

小型工业与民用建筑或大型建设项目的某一系统由于工期较短或生产工艺的要求，也可不用分期分批建设，可采取一次性建成投产。

在统筹安排各类项目施工时，应保证重点、兼顾其他，其中应优先安排工程量大、施工难度大、工期长的项目；供施工、生活使用的项目及临时设施；按生产工艺要求，先期投入生产或起主导作用的工程项目等。

5.2.1.2　主要施工项目的施工方案

施工组织总设计中应拟定一些主要工程项目的施工方案，与单位工程施工组织设计中的施工方案所要求的内容和深度不同，这些项目是建设项目中工程量大、施工难度大、工期长，对整个建设项目的完成起关键作用的建（构）筑物及影响全局的特殊分项工程。拟定主要工程项目施工方案的目的是进行技术和资源的准备工作，也是为了施工的顺利进行和现场的合理布局，其内容包括施工方法、施工工艺流程、施工机械设备等。

对施工方法的确定应考虑技术工艺的先进性和经济上的合理性；对施工机械的选择应使主导机械的性能可满足工程的需要，又可发挥其效能，以便在各个工程上均能实现综合流水作业，减少其拆、装、运的次数；对于辅助机具，其性能应与主导施工机具相适应，以便充分发挥主导施工机具的工作效能。

5.2.1.3 施工任务的划分与组织安排

在明确施工项目管理体制、机构的前提下，安排参与建设的各施工单位的施工任务，明确总包与分包单位的关系，建立施工现场统一的组织领导机构及职能部门，确定综合和专业化的施工组织；明确各施工单位之间的分工与协作关系，划分施工阶段，确定各施工单位分期分批的主导施工项目和穿插施工项目。

5.2.1.4 全场临时设施的规划

根据工程开展程序和施工项目施工方案的要求对施工现场临时设施进行规划，包括：安排生产和生活性临时设施的建设；安排原材料、成品、半成品、构件的运输和储存方式；安排场地平整方案和全场排水设施；安排场内外道路、水、电、气的引入方案；安排场区内的测量标志等。

5.2.2 施工总进度计划

5.2.2.1 基本要求

施工总进度计划是施工现场各项施工活动在时间上和空间上的体现。编制施工总进度计划是根据施工部署中的施工方案和施工项目开展的程序，对整个工程的所有施工项目作出时间上和空间上的安排。其作用在于确定各个建筑物及其主要工种、分项工程、准备工作和全工地工程的施工期限及开工和竣工的日期，从而确定建筑施工现场劳动力、原材料、成品、半成品、施工机械的需要数量和调配情况，及现场临时设施的数量、水电供应量和能源、交通的需用量等。因此，正确编制施工总进度计划是保证各项目以及整个建设工程如期交付使用、充分发挥其投资效益，保证降低建筑工程成本的重要条件。

编制施工总进度计划的基本要求是保证拟建工程在规定的期限内完成，发挥投资效益、施工的连续性和均衡性，节约施工费用。

根据施工部署中拟建工程分期分批的投产顺序，将每个系统的各项工程分别划出，在控制的期限内进行各项工程的具体安排。如果建设项目工程规模不大、各系统工程项目不多时，可不按照分期分批投产顺序安排，可直接安排总进度计划。

5.2.2.2 编制步骤

（1）列出工程项目一览表并计算工程量。施工总进度计划主要起控制总工期的作用，因此项目划分不宜过细，可按照确定的主要工程项目的开展顺序排列，一些附属项目、辅助工程及临时设施可合并列出。

在工程项目一览表的基础上，计算各主要项目的实物工程量。计算工程量可按照初步（或扩大初步）设计图纸，并根据各种定额手册进行计算。常用的定额资料的分类见表5-2。

表5-2 常用的定额资料的分类

类型	内容
万元、10万元投资工程量的劳动力及材料消耗扩大指标	此种定额规定了某一种结构类型建筑,每万元或10万元投资中,劳动力、主要材料等消耗量。根据设计图纸中的结构类型,即可计算出拟建工程各分项工程需要的劳动力和主要材料的消耗量
概算指标或扩大结构定额	概算指标是以建筑物每100m³体积为单位;扩大结构定额是以每100m²建筑面积为单位。查定额时,应查找与该建筑物结构类型、跨度、高度相类似的部分,查出该建筑物按照定额单位所需要的劳动力和各项主要材料消耗量,从而推算出拟建工程所需要的劳动力和材料的消耗量
标准设计或已建房屋、构筑物的资料	在缺少上述几种定额手册的情况下,可采用标准设计或已建成的类似房屋实际所消耗的劳动力及材料进行类比,按比例估算。但由于和拟建工程完全相同的已建工程是极为少见的,因此在采用已建工程资料时,一般都要进行折算、调整

(2)确定各单位工程的施工期限。单位工程的施工期限,应根据施工单位的具体条件(施工技术与施工管理水平、机械化程度、劳动力水平和材料供应等)及单位工程的建筑结构类型、体积和现场地形、地质、施工条件、现场环境等因素确定,也可参考有关的工程定额确定各单位工程的施工期限。

(3)确定各单位工程的开工、竣工时间和相互搭接关系。根据施工部署及单位工程施工期限安排各单位工程的开工、竣工时间和相互搭接关系时应考虑的因素,见表5-3。

表5-3 确定各单位工程的开工、竣工时间和相互搭接关系应考虑的因素

因素	内容
保证重点,兼顾一般	在安排进度时,应分清主次、抓住重点,同期进行的项目不宜过多,以免分散有限的人力和物力
满足连续、均衡的施工要求	应使劳动力、材料和施工机械的消耗在全工地上达到均衡,减少高峰和低谷的出现,以利于劳动力的调度和材料供应
认真考虑施工总平面图的空间关系	在满足有关规范要求的前提下,应使各拟建临时设施布置紧凑,节省占地面积
全面考虑各种条件限制	在确定各建筑物施工顺序时,应考虑各种客观条件限制,如施工企业的施工力量、各种原材料和机械设备的供应情况、设计单位提供图纸的时间、各年度建设投资数量等,对各项建筑物的开工时间和施工顺序进行调整。建筑施工受季节变化、环境影响较大,因此会对某些项目的施工时间提出具体要求,从而对施工的时间和顺序安排产生影响
其他	满足生产工艺要求,合理安排各个建筑物的施工顺序,缩短建设周期,尽快发挥投资效益

(4)安排施工总进度计划。施工总进度计划可以用横道图和网络图表达。施工总进度计划只起控制性作用,而且施工条件复杂,因此项目划分不必过细。当用横道图表达施工总进度计划时,项目的排列可按施工总体方案所确定的工程展开程序排列。

(5)施工总进度计划的调整和修正。施工总进度计划表编制完成后,将同一时期各项工程的工作量加在一起,用一定的比例画在施工总进度计划的底部,即可得出建设项目工作量的动态曲线。若曲线上存在较大的高峰和低谷,则说明在该时间段内各种资源需用量变化

较大，需要调整一些单位工程的施工速度或开工、竣工时间，以便消除高峰和低谷，使各个时期的工作量尽可能达到均衡。

5.2.3 各项资源需用量及施工准备工作计划

5.2.3.1 综合劳动力需用量计划

劳动力需用量计划是编制临时设施工程和组织劳动力进场的依据。编制时，应根据工程量汇总表中分别列出的各个建筑物的主要实物工程量，查预算定额或有关资料可得到各个建筑物主要工种的劳动量；根据施工总进度计划表的各单位工程各工种的持续时间可得到某单位工程在某段时间里的平均劳动力数。按同样的方法还可计算出各个建筑物各主要工种在各个时期的平均工人数。将施工总进度计划表纵坐标方向上各单位工程同工种的人叠加在一起并连成一条曲线即为某工种的劳动力动态曲线图。其他工种也可用同样的方法绘成曲线图，根据劳动力曲线图列出主要工种劳动力需用量计划表。

5.2.3.2 材料、构件及半成品需用量计划

根据工程量汇总表所列各建筑物的工程量，查定额或有关资料，便可得出各建筑物所需的建筑材料、构件和半成品的需用量。根据施工总进度计划表可算出某些建筑材料在某一时间内的需用量，从而可编制出建筑材料、构件和半成品的需用量计划，为材料供应部门和有关加工厂准备所需的建筑材料、构件和半成品并及时供应提供依据。

5.2.3.3 施工机具需用量计划

主要施工机械的需用量是根据施工总进度计划、主要建筑物施工方案和工程量，并使用机械产量定额求得。辅助机械可根据建筑安装工程每 10 万元的扩大概算指标求得，运输机具的需用量应根据运输量计算。

5.2.3.4 施工准备工作计划

为落实各项施工准备工作，加强检查和监督，必须根据各项施工准备工作的内容、时间和人员，编制出施工准备工作计划。

5.2.4 施工总平面图

5.2.4.1 施工总平面图的内容

（1）建筑总平面图上所有地上、地下建（构）筑物以及其他设施的位置和尺寸。
（2）为工程施工服务的所有临时设施的布置，包括：
①施工用地范围，施工用的各种道路；

②加工厂、搅拌站及有关机械的位置；

③各种建筑材料、构件、半成品的仓库和堆场的位置，取土、弃土位置；

④行政管理用房、宿舍、文化生活和福利设施等；

⑤水源、电源、变压器位置，临时给水排水管线和供电、动力设施；

⑥机械站、车库位置；

⑦安全、消防设施等。

（3）永久性测量放线标志桩位置。规模巨大的建设项目，其建设工期通常很长。随着工程的进展，施工现场将不断改变。在这种情况下，应按不同阶段绘制出若干施工总平面图，或应根据施工现场的实际变化情况，及时对施工总平面图进行调整和修正，以便适应不同时期的需要。

5.2.4.2　施工总平面图的设计原则

（1）尽量减少施工用地，少占农田，使平面布置紧凑合理。

（2）合理组织运输，减少二次搬运，保证运输方便、通畅。

（3）施工区域的划分和场地的确定应符合施工流程要求，尽量减少专业工种和各工程间的干扰。

（4）充分利用各种永久性建（构）筑物和原有设施为施工服务，降低临时设施费用。

（5）各种临时设施应便于生产和生活需要。

（6）满足安全防火、劳动保护、环境保护等要求。

5.2.4.3　施工总平面图的设计依据

（1）各种设计资料，包括建筑总平面图、地形图、区域规划图及既有拟建的各种设施位置。

（2）建设地区的自然、技术、经济条件。

（3）建设项目的概况、施工部署、施工总进度计划。

（4）各种建筑材料、构件、半成品、施工机械需用量一览表。

（5）各构件加工厂、仓库及其他临时设施情况。

5.2.4.4　施工总平面图的设计方法

1. 场外交通的引入

设计全工地性施工总平面图时，应从大宗材料、成品、半成品、设备等进入工地的运输方式入手。当大批材料用铁路运输时，应解决铁路的引入问题；当大批材料由水路运输时，应考虑原有码头的运输能力和是否需要增设专用码头的问题；当大批材料是由公路运入工地时，因为汽车运输线路可灵活布置，所以应先布置场内仓库和加工厂，再布置场外交通的引入。

2. 仓库与材料堆场的布置

通常考虑将仓库与材料堆场设置在运输方便、位置适中、运距较短及安全防火的地方，并应根据不同材料、设备和运输方式设置。

（1）当采用铁路运输时，仓库应沿铁路线布置，且有足够的装卸前线。若没有足够的装卸前线，应在附近设置转运仓库。布置铁路沿线仓库时，应将仓库设置在靠近工地一侧，避免跨越铁路，仓库不宜设置在弯道或坡道上。

（2）当采用水路运输时，应在码头附近设置转运仓库，以缩短船只在码头的停留时间。

（3）当采用公路运输时，仓库的布置较灵活。一般中心仓库可以布置在工地中央或靠近使用的地方，也可以布置在靠近外部交通连接处。水泥、砂、石、木材等仓库或堆场应布置在搅拌站、预制厂和加工厂附近；砖、预制构件等应直接布置在施工对象附近，避免二次搬运。工业建筑项目工地还应考虑主要设备的仓库或堆场，一般较重设备应尽量放在车间附近，其他设备可布置在外围空地上。

3. 加工厂和搅拌站的布置

（1）预制加工厂应尽量利用建设地区永久性加工厂，只有在运输困难时，方可考虑在建设场地空闲地带设置预制加工厂。

（2）钢筋加工厂一般应采用分散或集中布置。对于须进行冷加工、对焊、点焊的钢筋或大片钢筋网，应集中布置在中心加工厂；对于小型加工件，利用简单机具成型的钢筋加工，应分散在钢筋加工棚中进行。

（3）木材加工厂应根据木材加工的工作量、加工性质和种类决定集中设置或分散设置。

（4）混凝土搅拌站应根据工程具体情况，可采用集中、分散或集中与分散相结合的三种方式。当现浇混凝土量大时，应在工地设置搅拌站；当运输条件较好时，以采用集中搅拌为好；当运输条件较差时，宜采用分散搅拌。

（5）砂浆搅拌站，应采用分散就近布置。

（6）金属结构、锻工、电焊和机修等车间，由于其在生产上联系密切，宜布置在一起。

4. 场内道路的布置

（1）合理规划临时道路与地下管网的施工顺序。应充分利用拟建的永久性道路，提前修建永久性道路或先修路基和简易路面，作为施工所需的临时道路，以达到节约投资的目的。

（2）保证运输畅通。应采用环形布置，主要道路宜采用双车道，宽度不小于6 m；次要道路宜采用单车道，宽度不小于3.5 m。

（3）选择合理的路面结构。应根据运输情况和运输工具的类型确定。一般场外与省、市公路相连的干线，宜建成混凝土路面；场区内的干线，宜采用级配碎石路面；场内支线一般为土路或砂石路。

5. 临时设施布置

临时设施包括办公室、汽车库、休息室、开水房、食堂、俱乐部、浴室等。根据工程施工人数，计算临时设施的建筑面积，应尽量利用原有建筑物，不足部分再另行建造。

行政管理用房宜设在工地入口处，以便对外联系，也可设在工地中间，便于工地管理；

工人用的福利设施应设置在工人较集中的地方，或工人必经之处；生活区应设在场外，距施工现场500~1 000 m为宜；食堂可布置在工地内部或工地与生活区之间。临时设施的设计，应以经济、适用、拆装方便为原则，并根据当地的气候条件、工期长短确定其结构形式。

6. 临时水电管网及其他动力设施的布置

当有可利用的水源、电源时，可以将水、电直接接入工地。临时总变电站应设置在高压电引入处，不应在工地中心；临时水池应放在地势较高处。

当无法利用现有水、电时，为获得电源，可在工地中心或附近设置临时发电设备；为获得水源，可利用地下水或地面水设置临时供水设备（水塔、水池）。施工现场供水管网有环状、枝状和混合式三种形式。冬期施工时，临时水管应埋在冰冻线以下或采取保温措施。

消火栓应设置在易燃建筑物附近，并有通畅的出口和车道，其宽度不小于6 m，与拟建房屋的距离不得大于25 m，且不得小于5 m，消火栓间距不应大于100 m，到路边的距离不应大于2 m。

临时配电线路布置与供水管网相似。工地电力网，一般3~10kV的高压线采用环状，沿主干道布置；380/220 V低压线采用枝状布置，通常采用架空布置，距路面或建筑物不小于6 m。

任务5.3　单位工程施工组织设计

5.3.1　工程概况和施工特点分析

5.3.1.1　工程建设概况

工程建设概况主要介绍拟建工程的建设单位、工程名称、性质、用途和建设的目的，资金来源及工程造价，开工、竣工日期，设计单位、施工单位、监理单位，施工图纸情况，施工合同是否签订，上级有关文件或要求以及组织施工的指导思想等。

5.3.1.2　工程建设地点特征

工程建设地点特征主要介绍拟建工程的地理位置、地形、地貌、地质、水文、气温、冬雨期时间、主导风向、风力和抗震设防烈度等。

5.3.1.3　建筑、结构设计概况

建筑设计概况主要介绍拟建工程的建筑面积、平面形状和平面组合情况、层数、层高、总高、总长、总宽等尺寸及室内外装修的情况。

结构设计概况主要介绍基础的形式、埋置深度、主体结构的类型，墙、柱、梁、板的材料及截面尺寸，预制构件的类型及安装位置，楼梯构造及形式等。

5.3.1.4 施工条件

施工条件主要是"三通一平"的情况，交通运输条件，建筑材料生产及供应情况，施工现场及周围环境情况，预制构件生产及供应情况，施工单位机械、设备、劳动力的落实情况，内部承包方式、劳动组织形式及施工管理水平，现场临时设施、供水、供电问题的解决等。

5.3.1.5 工程施工特点分析

工程施工特点分析主要介绍拟建工程施工特点和施工中的关键问题、难点所在，以便突出重点、抓住关键，使施工顺利进行，从而提高施工单位的经济效益和管理水平。

5.3.2 施工方案

5.3.2.1 施工顺序的确定

1. 施工顺序的确定应遵循的基本原则

施工顺序的确定应遵循的基本原则，见表5-4。

表5-4 施工顺序的确定应遵循的基本原则

原则	内容
先地下，后地上	是指在地上工程开始之前，把管道、线路等地下设施、土方工程和基础工程全部完成或基本完成。坚固耐用的建筑需有一个坚实的基础，从工艺的角度考虑，也必须先地下，后地上。地下工程施工时应做到先深后浅，可避免对地上部分的施工产生干扰，从而带来施工不便，造成浪费，影响工程质量
先主体，后围护	是指在框架结构建筑和装配式单层工业厂房施工中，应先进行主体结构施工，后完成围护工程。同时，框架主体结构与围护工程在总施工顺序上应合理搭接，通常多层建筑以少搭接施工为宜，而高层建筑则应尽量搭接施工，以缩短施工工期；而装配式单层工业厂房主体结构与围护工程一般不搭接施工
先结构，后装修	有时为了缩短施工工期，也可以采用部分搭接
先土建，后设备	是指不论是民用建筑还是工业建筑，一般来说，土建施工应先于水、暖、煤、卫、电等建筑设备的施工。但其之间更多的是穿插配合关系，特别是在装修阶段，应从保证施工质量、降低成本的角度处理好相互间的关系

2. 施工顺序确定的基本要求

（1）必须符合施工工艺的要求。建筑物在建设过程中，各分部分项工程之间存在有一定的工艺顺序关系，且这些顺序关系随着建筑物结构和构造的不同而变化，因此应在分析建筑物各分部分项工程之间的工艺关系的基础上确定施工顺序。

（2）必须与施工方法协调一致。

（3）必须考虑施工组织的要求。

（4）必须考虑施工质量的要求。在安排施工顺序时，应保证和提高工程质量。当施工顺序影响工程质量时，应重新安排施工顺序或采取必要的技术措施。

（5）必须考虑当地的气候条件。

（6）必须考虑安全施工的要求。在立体交叉、平行搭接施工时，应注意安全问题。

3. 多层砌体结构民用房屋的施工顺序

（1）基础工程阶段施工顺序

基础工程是指室内地面以下的工程。其施工顺序比较容易确定，一般是：挖土方→垫层→基础→回填土，具体内容应视工程设计而定。如有桩基础工程，应另列桩基础工程。如有地下室，其施工过程和施工顺序是：挖土方→垫层→地下室底板→地下室墙、柱结构→地下室顶板→防水层及保护层→回填土，由于地下室结构、构造不同，有些施工内容应有一定的配合和交叉。

在基础工程施工阶段，挖土方与做垫层两道工序的施工顺序应安排紧凑，时间间隔不宜太长，必要时可将挖土方与做垫层合并为一个施工过程。在施工中，可以采取集中作业，分段流水进行施工，以避免基槽（坑）土方开挖后，因垫层施工未能及时进行，基槽（坑）浸水或受冻害，从而使地基承载力下降，造成工程质量事故或引起工程量、劳动力、机械等资源的增加。同时，还应注意混凝土垫层施工后必须有一定的技术间歇时间，使其具有一定强度后方可进行下道工序的施工。各种管沟的挖土、铺设等施工过程，应尽可能与基础工程施工配合，采取平行搭接施工。回填土一般在基础工程完工后一次性分层、对称夯填，避免基础受到浸泡，并为下一道工序施工创造条件。当回填土工程量较大且工期较紧时，也可将回填土分段施工并与主体结构搭接进行，室内回填土可安排在室内装修施工前进行。

（2）主体工程阶段施工顺序

主体工程是指基础工程以上、屋面板以下的所有工程，包括安装起重垂直运输机械设备，搭设脚手架，砌筑墙体，现浇柱、梁、板、雨篷、阳台、楼梯等施工内容。

其中，砌墙和现浇楼板是主体工程施工阶段的主导过程。两施工段在各楼层中交替进行，应注意使其在施工中保持均衡、连续、有节奏地进行，并以其为主组织流水施工，根据每个施工段的砌墙和现浇楼板工程量、工人人数、吊装机械的效率、施工组织的安排等计算，确定流水节拍的大小，而其他施工过程则应配合砌墙和现浇楼板组织流水施工，搭接进行。

（3）屋面及装修工程施工顺序

屋面及装修工程是指屋面板完成以后的所有工作，其施工特点是：施工内容多、繁、杂；有的工程量大而集中，有的工程量小而分散；劳动消耗大，手工作业多，工期较长。因此，应妥善安排屋面及装修工程的施工顺序，组织立体交叉流水作业，对加快工程进度有重要的现实意义。

屋面工程的施工，应根据屋面的设计要求逐层进行。屋面及装修工程施工可不划分流水段，可与装修工程搭接施工。

装修工程的施工可分为室外装修（檐沟、女儿墙、外墙、勒脚、散水、台阶、明沟、雨水管等）和室内装修（顶棚、墙面、楼面、地面、踢脚线、楼梯、门窗、五金、油漆及玻璃等）两个方面的内容。其中，内、外墙及楼、地面的饰面是整个装修工程施工的主导过程，应着重解决饰面工作的空间顺序。

4. 钢筋混凝土框架结构房屋的施工顺序

钢筋混凝土框架结构房屋的施工顺序可分为基础、主体、屋面及装修工程三个阶段。其在主体工程施工时与砌体结构房屋有所区别，即框架柱、框架梁、板交替进行，也可采用框架柱、梁、板同时进行，墙体工程则与框架柱、梁、板搭接施工。其他工程的施工顺序与砌体结构房屋相同。

5. 装配式单层工业厂房施工顺序

装配式单层工业厂房的施工按照厂房结构各部位不同的施工特点，可分为基础工程、预制工程、吊装工程、其他工程四个施工阶段。

在装配式单层工业厂房施工中，由于工程规模较大、生产工艺复杂，厂房按生产工艺要求分区、分段。因此，在确定装配式单层工业厂房的施工顺序时，应考虑土建施工及施工组织的要求，还应研究生产工艺流程，即先生产的区段先施工，以尽早交付生产使用，尽快发挥其基本建设投资的效益。工程规模较大、生产工艺要求较复杂的装配式单层工业厂房的施工时，应分期分批进行，分期分批交付试生产是确定其施工顺序的总要求。

5.3.2.2 施工方法和施工机械的选择

选择正确的施工方法和施工机械是制定施工方案的关键。单位工程各个分部分项工程均可采用各种不同的施工方法和施工机械进行施工。每一种施工方法和施工机械都有其优缺点，故必须从先进、经济、合理的角度出发，选择正确的施工方法和施工机械，以达到提高工程质量、降低工程成本、提高劳动生产率和加快工程进度的预期效果。

1. 选择施工方法和施工机械的主要依据

在单位工程施工中，施工方法和施工机械的选择应根据工程建筑的结构特点、质量要求、工期长短、资源供应条件、现场施工条件、施工单位的技术装备水平和管理水平等因素综合考虑。

2. 选择施工方法和施工机械的基本要求

选择施工方法和施工机械的基本要求，见表5-5。

表5-5 选择施工方法和施工机械的基本要求

要求	内容
考虑主要分部分项工程的要求	应从单位工程施工全局出发，着重考虑影响整个工程施工的主要分部分项工程的施工方法和施工机械选择。对于一般、常见、工人熟悉、工程量小以及对施工全局和对工期无较大影响的分部分项工程，只提出若干注意事项和要求就可以了 主要分部分项工程是指工程量大、所需时间长、占工期比例大的工程；施工技术复杂或采用新技术、新工艺、新结构、新材料的分部分项工程；对工程质量起关键作用的分部分项工程。对施工单位来说，某些结构特殊或缺乏施工经验的工程也属于分部分项工程
符合施工组织总设计的要求	如本工程是整个建设项目中的一个项目，则其施工方法和施工机械的选择应符合施工组织总设计中的有关要求

要求	内容
满足施工技术的要求	施工方法和施工机械的选择必须满足施工技术的要求：如预应力张拉方法和机械的选择应满足设计、质量、施工技术的要求；又如吊装机械的类型、型号、数量的选择应满足构件吊装技术和工程进度要求
考虑如何符合工厂化、机械化施工的要求	单位工程施工，原则上应尽可能实现和提高工厂化和机械化的施工程度，这是建筑施工发展的需要，也是提高工程质量、降低工程成本、提高劳动生产率、加快工程进度和实现文明施工的有效措施。这里所说的工厂化，是指建筑物的各种钢筋混凝土构件、钢结构构件、木构件、钢筋加工等应最大限度地实现工厂化制作，最大限度地减少现场作业。而机械化程度不仅是指单位工程施工要提高机械化程度，还要充分提高机械设备的效率，减少繁重的体力劳动
符合先进、合理、可行、经济的要求	选择施工方法和施工机械，除要求先进、合理之外，还要考虑对施工单位的可行性、经济性。必要时，要进行分析比较，从施工技术水平和实际情况出发，选择先进、合理、可行、经济的施工方法和施工机械
满足工期、质量、成本和安全的要求	所选择的施工方法和施工机械应尽量满足缩短工期、提高工程质量、降低工程成本、确保施工安全的要求

3. 主要分部分项工程的施工方法和施工机械选择

（1）土石方与地基处理工程的施工方法和施工机械选择，见表5-6。

表5-6　土石方与地基处理工程的施工方法和施工机械选择

项目	内容
挖土方法	根据土方量大小，确定是采用人工挖土还是机械挖土。当采用人工挖土时，应按进度要求确定劳动力人数，分区分段施工；当采用机械挖土时，应选择机械挖土的方式，确定挖土机的型号、数量，机械开挖方向与路线，人工配合修整基底、边坡
地面水、地下水和排除方法	确定排水沟渠、集水井、井点的布置位置及所需设备的型号、数量
挖深基坑方法	根据土质类别及场地周围情况，确定边坡的坡度或土壁的支撑形式和铺设方法，确保施工安全
石方施工	确定石方施工的爆破方法，所需机具材料
其他	（1）地形较复杂的场地平整，进行土方平衡量计算，绘制平衡调配表； （2）确定运输方式、运输机械型号及数量； （3）土方回填的方法，填土压实的要求及机具选择； （4）地基处理的方法（换填地基、夯实地基、挤密桩地基、注浆地基等）及相应的材料机具设备

（2）基础工程的施工方法和施工机械选择，见表5-7。

表5-7　基础工程的施工方法和施工机械选择

项目	内容
浅基础	其中垫层、钢筋混凝土基础施工的技术要求
地下防水工程	根据其防水工程的施工方法（混凝土结构自防水、水泥砂浆抹面防水、卷材防水、涂料防水），确定用料要求和相关技术措施等
桩基础	确定施工机械型号、入土方法及深度控制、检测、质量要求等
各种变形缝	确定留置方法及注意事项
混凝土基础施工缝	确定留置位置、技术要求
其他	根据基础的深浅不同，确定基础的施工顺序、标高控制、质量安全措施等

（3）混凝土和钢筋混凝土工程的施工方法和施工机械选择，见表5-8。

表5-8　混凝土和钢筋混凝土工程的施工方法和施工机械选择

项目	内容
模板的类型和支模方法的确定	根据不同的结构类型、现场施工条件和企业实际施工装备，确定模板类型、支模方法和施工方法，列出采用的项目、部位、数量，明确加工制作的分工，选用隔离剂，对于复杂的还应进行模板设计及绘制模板放样图。模板工程应工具化，推广快速脱模，提高模板周转利用率。采取分段流水工艺，减少模板一次投入量。还应确定模板供应渠道（租用或内部调拨）
钢筋的加工、运输和安装方法的确定	确定构件加工厂或现场加工的范围（如成型程度是加工成单根、网片或骨架）；确定除锈、调直、切断、弯曲成型方法；确定钢筋冷拉、加预应力方法；确定焊接方法（如电弧焊、对焊、点焊、气压焊等）或机械连接方法（如锥螺纹、直螺纹等）；钢筋运输和安装方法；确定施工机具设备型号、数量
混凝土搅拌和运输方法的确定	若当地有预拌混凝土供应时，应采用预拌混凝土。否则，应根据混凝土工程量大小，选用合理的搅拌方式；选择搅拌机械型号、数量；进行配合比设计；确定掺合料、外加剂的品种、数量；确定砂石筛选，计量和台后上料方法；确定混凝土运输方法
混凝土的浇筑	确定浇筑顺序、施工缝位置、分层高度、工作班制、浇捣方法、养护制度及相应施工机具的型号、数量
冬期或高温条件下浇筑混凝土	制定相应的防冻或降温措施，落实测温工作，确定外加剂品种、数量和控制方法
浇筑大体积混凝土	制定防止温度裂缝的措施，落实测量孔的设置和测温记录等工作
有防水要求的特殊混凝土工程	应做好防渗等试验工作，确定用料和施工操作等要求，加强以控制措施的检测，保证质量
其他	装配式单层工业厂房的牛腿柱和屋架等大型的，需在现场预制的钢筋混凝土构件，应确定柱与屋架现场预制平面布置图

（4）砌体工程的施工方法和施工机械选择：

①砌体的组砌方法和质量要求、皮数杆的控制要求，施工段和劳动力组合形式等；

②砌体与钢筋混凝土构造柱、梁、圈梁、楼板、阳台、楼梯等构件的连接要求；

③配筋砌体工程的施工要求；

④砌筑砂浆的配合比计算及原材料要求，拌制和使用时的要求。

（5）结构安装工程的施工方法和施工机械选择：

①选择吊装机械的类型和数量。应根据建筑物外形尺寸，所吊装构件外形尺寸、位置、重量、起重高度、工程量和工期、现场条件、吊装工地拥挤的程度与吊装机械通向建筑工地的可能性，工地上可能获得吊装机械的类型等条件确定。

②确定吊装方法，安排吊装顺序、机械位置和行驶路线以及构件拼装办法及场地。

③有些跨度较大的建筑物的构件吊装，应制定吊装工艺流程，设定构件吊点位置，确定吊索的长度及夹角大小，起吊和扶正时的临时稳固措施、垂直度测量方法等。

④构件运输、装卸、堆放办法以及所需的机具设备（如平板拖车、载重汽车、卷扬机及架子车等）型号、数量和对运输道路的要求。

⑤吊装工程准备工作内容，起重机行走路线应压实加固；各种吊具临时加固，电焊机等要求以及吊装有关技术措施。

（6）屋面工程的施工方法和施工机械选择：

①屋面各个分项工程（如卷材防水屋面一般有平层、隔气层、保温层、防水层、保护层或使用面层等分项工程，刚性防水屋面一般有隔离层、刚性防水层等分项工程）的各层材料，特别是防水材料的质量要求、施工操作要求；

②屋盖系统的各种节点部位及各种接缝处的密封防水施工；

③屋面材料的运输方式。

（7）装饰装修工程的施工方法和施工机械选择：

①确定装修工程进场施工的时间、施工顺序和成品保护等具体要求，结构、装修、安装穿插施工，缩短工期；

②较高级的室内装修应先做样板间，待通过设计、业主、监理等单位联合认定后，全面开展工作；

③对于民用建筑，应提出室内装饰环境污染控制办法；

④室外装修工程应确定脚手架设置的位置，饰面材料应有防渗及金属材料防锈蚀的措施；

⑤确定分项工程的施工方法和要求，确定所需的机具设备的型号、数量；

⑥提出各种装饰装修材料的品种、规格、外观、尺寸、质量等要求；

⑦确定装修材料逐层配套堆放的数量和平面位置，提出材料储存要求；

⑧保证装饰装修工程施工防火安全的方法。

（8）脚手架工程的施工方法和施工机械选择：

①确定内外脚手架的用量、搭设、使用、拆除方法及安全措施，外墙脚手架大多从地面开始搭设，根据土质情况，应有防止脚手架不均匀下沉的措施。

高层建筑的外脚手架，应每隔几层与主体结构做固定拉结，以利脚手架整体稳固；且不从地面开始一直向上搭设，应分段搭设，一般每段为 5~8 层，宜采用工字钢或槽钢作外挑或组成钢三脚架外挑的方法。

②应确定特殊部位脚手架的搭设方案。

③室内施工脚手架宜采用轻型的工具式脚手架，装拆方便、成本低。高度较高、跨度较大的厂房屋顶的顶棚喷刷工程宜采用移动式脚手架，不影响其他工程。

④脚手架工程还应确定安全网挂设方法、四口五临边防护方案。

（9）现场水平、垂直运输设施的施工方法和施工机械选择：

①确定垂直运输量，有标准层的应确定标准层运输量；

②选择垂直运输方式及其型号、数量、布置、安全装置、服务范围、穿插班次，明确垂直运输设施使用中的注意事项；

③选择水平运输方式及其设备型号、数量；

④确定地面和楼面上水平运输的行驶路线。

（10）特殊项目的施工方法和施工机械选择：

①采用新结构、新工艺、新材料、新技术的项目及高耸、大跨、重型构件，水下、深基础、软弱地基础，冬期施工等项目时，应单独编制施工方案，包括：施工方法，工艺流程，平、立、剖面示意图，技术要求，质量安全注意事项，施工进度，劳动组织，材料构件及机械设备需用量等方面。

②对于大型土石方、打桩、构件吊装等项目，应单独提出施工方法和技术组织措施。

思考题

5-1　施工组织总设计一般由谁编制及其主要作用是什么？

5-2　单位工程施工组织设计编制程序是什么？

5-3　确定各单位工程的开工、竣工时间和相互搭接关系应考虑的因素有哪些？

5-4　施工顺序的确定应遵循的基本原则有哪些？

项目6　建筑工程项目管理

任务6.1　工程项目进度管理

6.1.1　建筑工程项目进度控制与进度计划系统

6.1.1.1　项目进度控制的目的

项目进度控制的目的是通过控制以实现工程的进度目标。如只重视进度计划的编制，不重视进度计划必要的调整，则进度无法得到控制。为了实现进度目标，进度控制的过程是随着项目进展、进度计划不断调整的过程。

施工方是工程实施的一个重要参与方，诸多的工程项目，特别是大型重点建设工程项目，工期要求紧迫，施工方的工程进度压力非常大。长期的连续施工，一天两班制施工，甚至24小时连续施工时有发生。非正常有序地施工、盲目赶工，会导致施工质量问题和施工安全问题的出现，且还会引起施工成本的增加。因此，施工进度控制不仅关系到施工进度目标能否实现，还直接关系到工程的质量和成本。在工程施工实践中，必须树立和坚持一个最基本的工程管理原则，即在确保工程质量的前提下，应控制工程的进度。

为了有效控制项目的施工进度，尽量摆脱因进度压力而造成工程组织的被动，施工方有关管理人员应深化理解：

（1）整个建设工程项目的进度目标如何确定；

（2）有哪些影响整个建设工程项目进度目标实现的主要因素；

（3）如何正确处理工程进度和工程质量的关系；

（4）施工方在整个建设工程项目进度目标实现中的地位和作用；

（5）影响施工进度目标实现的主要因素；

（6）施工进度控制的基本理论、方法、措施和手段等。

6.1.1.2 项目进度控制的任务

业主方进度控制的任务是控制整个项目实施阶段的进度，包括控制设计准备阶段的工作进度、设计工作进度、施工进度、物资采购工作进度以及项目开工前准备阶段的工作进度。

设计方进度控制的任务是根据设计任务委托合同对设计工作进度的要求控制设计工作进度，是设计方履行合同的义务。设计方应尽量使设计工作的进度与招标、施工和物资采购等工作进度相协调。

施工方进度控制的任务是根据施工任务委托合同对施工进度的要求控制施工进度，是施工方履行合同的义务。在进度计划编制方面，施工方应根据项目的特点和施工进度控制的需要，编制不同深度的控制性、指导性和实施性施工进度计划以及按不同计划周期（年度、季度、月度和旬）的施工计划等。

供货方进度控制的任务是根据供货合同对供货的要求控制供货进度，是供货方履行合同的义务。供货进度计划，包括供货的所有环节，如采购、加工制造、运输等。

6.1.1.3 项目进度计划系统的建立

1. 建筑工程项目进度计划系统的内涵

建筑工程项目进度计划系统是由多个相互关联的进度计划组成的系统，是项目进度控制的依据。由于各种进度计划编制所需要的必要资料是在项目进展过程中逐步形成的，因此项目进度计划系统的建立和完善也有一个逐步形成的过程，图6-1为一个建筑工程项目进度计划系统的示例，其有4个计划层次。

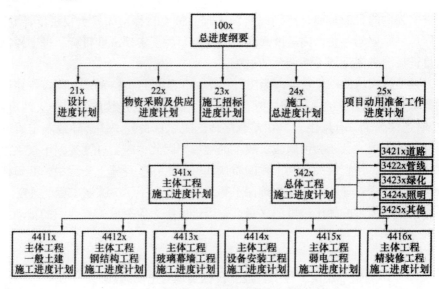

图6-1 建筑工程项目进度计划系统示例

2. 不同类型的建筑工程项目进度计划系统

根据项目进度控制不同的需要和不同的用途，业主方和项目各参与方可以构建多个不同的建筑工程项目进度计划系统，如：

（1）由多个相互关联的不同计划深度的进度计划组成的计划系统；

（2）由多个相互关联的不同计划功能的进度计划组成的计划系统；

（3）由多个相互关联的不同项目参与方的进度计划组成的计划系统；

（4）由多个相互关联的不同计划周期的进度计划组成的计划系统等。

如图6-1所示，建筑工程项目进度计划系统示例的第二平面是由多个相互关联的不同项目参与方的进度计划组成的计划系统，其第三平面和第四个平面是由多个相互关联的不同深度的进度计划组成的计划系统。

（1）由不同深度的计划构成进度计划系统，包括总进度规划（计划）、项目子系统进度规划（计划）、项目子系统中的单项工程进度计划等。

（2）由不同功能的计划构成进度计划系统，包括控制性进度规划（计划）、指导性进度规划（计划）、实施性（操作）进度计划等。

（3）由不同项目参与方的计划构成进度计划系统，包括业主方编制的整个项目实施的进度计划、设计进度计划、施工和设备安装进度计划、采购和供货进度计划等。

（4）由不同周期的计划构成进度计划系统，包括5年建设进度计划，年度、季度、月度和旬计划等。

3. 建筑工程项目进度计划系统中的内部关系

在建筑工程项目进度计划系统中，各进度计划或各子系统进度计划编制和调整时必须注意其相互间的联系和协调，如：

（1）总进度规划（计划）、项目子系统进度规划（计划）与项目子系统中的单项工程进度计划之间的联系和协调；

（2）控制性进度规划（计划）、指导性进度规划（计划）与实施性（操作）进度计划之间的联系和协调；

（3）业主方编制的整个项目实施的进度计划、设计方编制的进度计划、施工方和设备安装方编制的进度计划及采购方和供货方编制的进度计划之间的联系和协调等。

6.1.1.4　计算机辅助建筑工程项目进度控制

计算机辅助工程网络计划编制的意义，如下：

（1）解决当工程网络计划计算量大，手工计算难以承担的困难；

（2）确保工程网络计划计算的准确性；

（3）有利于工程网络计划及时调整；

（4）有利于编制资源需求计划等。

进度控制是一个动态编制和调整计划的过程，初始的进度计划和在项目实施过程中不断调整的计划及与进度控制有关的信息应尽量对项目各参与方公开，以便各参与方为实现项目的进度目标协同工作。为使业主各工作部门和项目各参与方便捷地获取进度信息，可将项目信息门户作为基于互联网的信息处理平台，辅助进度控制，如图6-2所示，其表示从项目信息门户中可获取的各种进度信息。

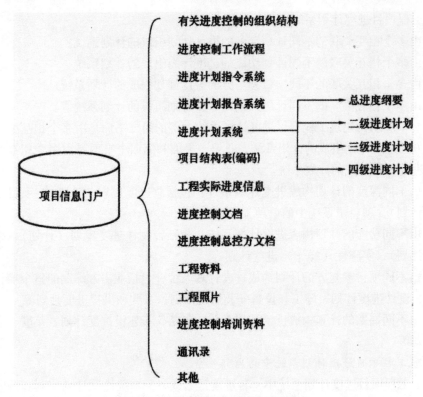

图 6-2　项目信息门户提供的进度信息

6.1.2　建筑工程项目总进度目标的论证

6.1.2.1　项目总进度目标论证的工作内容

建筑工程项目的总进度目标是指整个工程项目的进度目标，其是在项目决策阶段做项目定义时确定的。项目管理的主要任务是在项目的实施阶段，对项目的目标进行控制。

建筑工程项目总进度目标的控制是业主方项目管理的任务（若采用建筑项目工程总承包的形式，协助业主方进行项目总进度目标的控制也是建设项目工程总承包方项目管理的任务）。在进行建筑工程项目总进度目标控制前，应分析和论证进度目标实现的可能性。若项目总进度目标不能实现，则项目管理者应提出调整项目总进度目标的建议，并提请项目决策者审议。

在项目的实施阶段，项目总进度包括：

（1）设计前准备阶段的工作进度；

（2）设计工作进度；

（3）招标工作进度；

（4）施工前准备工作进度；

（5）工程施工和设备安装进度；

（6）工程物资采购工作进度；

（7）项目动用前的准备工作进度等。

建筑工程项目总进度目标论证，应分析和论证上述各项工作的进度，以及上述各项工作进展的相互关系。

建筑工程项目总进度目标论证时，通常还没有掌握比较详细的设计资料，缺乏比较全面的有关工程发包的组织、施工组织和施工技术等方面的资料，以及其他有关项目实施条件的资料。因此，项目总进度目标论证不是简单的总进度规划的编制工作，其涉及诸多工程实施的条件分析和工程实施策划等方面的问题。

大型建设工程项目总进度目标论证的核心工作是通过编制总进度纲要论证总进度目标实现的可能性。总进度纲要的主要内容包括：

（1）项目实施的总体部署；

（2）总进度规划；

（3）各子系统进度规划；

（4）确定里程碑事件的计划进度目标；

（5）总进度目标实现的条件及应采取的措施等。

6.1.2.2 项目总进度目标论证的工作步骤

建筑工程项目总进度目标论证的工作步骤：调查研究和收集资料；项目结构分析；进度计划系统的结构分析；项目的工作编码；编制各层进度计划；协调各层进度计划的关系，编制总进度计划；若编制的项目总进度计划不符合项目的进度目标，则应设法调整；若经过多次调整，进度目标亦无法实现，则报告项目决策者。

调查研究和收集资料包括：

（1）了解和收集项目决策阶段有关项目进度目标确定的情况和资料；

（2）收集与进度有关的项目组织、管理、经济和技术资料；

（3）收集类似项目的进度资料；

（4）了解和调查项目的总体部署；

（5）了解和调查项目实施的主、客观条件等。

大型建设工程项目的结构分析是根据编制总进度纲要的要求，将整个项目进行逐层分解，并确立相应的工作目录，如：

（1）一级工作任务目录，将整个项目划分成若干个子系统；

（2）二级工作任务目录，将每一个子系统分解为若干个子项目；

（3）三级工作任务目录，将每一个子项目分解为若干个工作项。

整个项目的划分，应根据项目的规模和特点而定。其中，大型建设工程项目的计划系统一般由多层计划构成，如：

（1）第一层进度计划，将整个项目划分成若干个进度计划子系统；

（2）第二层进度计划，将每一个进度计划子系统分解为若干个子项目进度计划；

（3）第三层进度计划，将每一个子项目进度计划分解为若干个工作项。

6.1.3 建筑工程项目进度控制的措施

6.1.3.1 项目进度控制的组织措施

组织是目标能否实现的决定性因素。为实现项目的进度目标，应充分重视健全项目管理的组织体系。在项目组织结构中，应有专门的工作部门和符合进度控制岗位资格的专人负责项目进度控制工作。

进度控制的主要工作环节包括项目进度目标的分析和论证、编制进度计划、定期跟踪进度计划的执行情况、采取纠偏措施以及调整进度计划，并应与相应的管理职能部门在项目管理组织设计的任务分工表和管理职能分工表中标示并落实。

（1）编制项目进度控制的工作流程，如：

①定义项目进度计划系统的组成；

②各类进度计划的编制程序、审批程序和计划调整程序等。

（2）进度控制工作包含大量的组织和协调工作。会议是组织和协调的重要手段，应进行有关进度控制会议的组织设计，以明确会议的类型、各类会议的主持人及参加单位和人员、各类会议的召开时间及各类会议文件的整理、分发和确认等。

6.1.3.2 项目进度控制的管理措施

建筑工程项目进度控制的管理措施涉及项目管理的思想、方法、手段、承发包模式、合同管理和风险管理等。在理顺组织的前提下，科学、严谨的项目管理显得十分重要。

建筑工程项目进度控制在管理观念方面存在的问题，见表6-1。

表6-1 建筑工程项目进度控制在管理观念方面存在的问题

项目	内容
缺乏进度计划系统的观念	分别编制各种独立、互不联系的计划，形成不了计划系统
缺乏动态控制的观念	重视项目进度计划的编制，而不重视及时地进行项目进度计划的动态调整
缺乏进度计划多方案比较和选优的观念	合理的进度计划，体现在资源的合理使用、工作面的合理安排、有利于提高建筑质量、有利于文明施工和有利于合理地缩短建设周期

用工程网络计划的方法编制进度计划应严谨地分析其和工作间的逻辑关系，通过工程网络的计算可发现关键工作和关键路线，也可知道非关键工作可使用的时差，工程网络计划的方法有利于实现进度控制的科学化。

承发包模式的选择直接关系到建设工程实施的组织和协调。为了实现进度目标，应选择适宜的合同结构，避免过多的合同界面影响工程的进展。工程物资的采购模式对进度也有直接的影响，故应对此作比较分析。

为了实现进度目标，应进行进度控制，注意分析影响工程进度的风险，并在分析的基础上采取风险管理措施，以减少进度失控的风险量。

重视信息技术（包括相应的软件、局域网、互联网以及数据处理设备）在进度控制中的应用。信息技术对项目进度控制来说是一种管理手段，但其应用有利于提高进度信息处理的效率、有利于提高进度信息的透明度、有利于促进进度信息的交流和项目各参与方的协同工作。

6.1.3.3 项目进度控制的经济措施

建设工程项目进度控制的经济措施涉及资金需求计划、资金供应的条件和经济激励措施等。为确保项目进度目标的实现，应编制与进度计划相适应的资源需求计划（资源进度计划），包括资金需求计划和其他资源（人力和物力资源）需求计划，以反映工程实施的各时段所需要的资源。通过对资源需求的分析，可发现所编制的进度计划实现的可能性。若资源条件不具备，则应调整进度计划。资金需求计划也是工程融资的重要依据。

资金供应条件，包括可能的资金总供应量、资金来源以及资金供应的时间。在工程预算中，应考虑加快工程进度所需的资金，包括为实现进度目标将要采取的经济激励措施所需要的费用。

6.1.3.4 项目进度控制的技术措施

建筑工程项目进度控制的技术措施涉及对实现项目进度目标有利的设计技术和施工技术的选用。不同的设计理念、技术路线及设计方案会对工程进度产生不同的影响；在设计工作的前期，特别是在设计方案评审和选用时，应对设计技术与工程进度的关系作分析比较。

施工方案对工程进度有直接的影响，在做决策时，不仅应分析技术的先进性和经济合理性，还应考虑其对进度的影响。在工程进度受阻时，应分析是否存在施工技术的影响因素，为实现进度目标有无改变施工技术、施工方法和施工机械的可能性。

任务6.2 工程项目成本管理

6.2.1 施工成本管理的任务与措施

6.2.1.1 施工成本预测

施工成本预测是根据成本信息和施工项目的具体情况，运用一定的方法对未来的成本水平及其可能的发展趋势做出科学的估计，是在工程开工前对成本进行的估算。通过施工成本预测可在满足项目业主方和企业要求的前提下，选择成本低、效益好的最佳成本方案，且能够在施工项目成本形成过程中，针对薄弱环节，加强成本控制，克服盲目性，提高预见性，故施工成本预测是施工项目成本决策与计划的依据。施工成本预测是对施工项目计划工期内影响其成本变化的各个因素进行分析，比照近期已完工施工项目或将完工的施工项目的成本（单位成本），预测这些因素对工程成本中有关项目（成本项目）的影响程度，预测出工程的单位成本或总成本。

6.2.1.2 施工成本计划

施工成本计划是以货币的形式编制施工项目所在计划期内的生产费用、成本水平、成本降低率以及为降低成本所采取的主要措施和规划的书面方案，是建立施工项目成本管理责任制、开展成本控制和核算的基础，是施工项目降低成本的指导文件，是设立目标成本的依据，是目标成本的一种形式。

1. 施工成本计划应满足的要求

（1）合同规定的项目质量和工期要求。

（2）组织对项目成本管理目标的要求。

（3）以经济合理的项目实施方案为基础的要求。

（4）有关定额及市场价格的要求。

（5）类似项目提供的启示。

2. 施工成本计划的具体内容

（1）编制说明。编制说明是指对工程的范围、投标竞争过程及合同条件、承包人对项目经理提出的责任成本目标、施工成本计划编制的指导思想和依据等的具体说明。

（2）施工成本计划的指标。施工成本计划的指标，应经过科学的分析预测确定，可采用对比法、因素分析法等方法进行测定。施工成本计划指标见表6-2。

表6-2 施工成本计划的指标

名称	内容
成本计划的数量指标	（1）按子项汇总的工程项目总成本计划指标 （2）按分部汇总的各单位工程（或子项目）计划成本指标 （3）按人工、材料、机械等主要生产要素计划成本指标
成本计划的质量指标，如施工项目总成本指标	（1）设计预算成本计划降低率=设计预算总成本计划降低额/设计预算总成本 （2）责任目标成本计划降低率=责任目标总成本计划降低额/责任目标总成本
成本计划的效益指标，如工程项目成本降低额	（1）设计预算成本计划降低额=设计预算总成本-计划总成本 （2）责任目标成本计划降低额=责任目标总成本-计划总成本

（3）按工程量清单列出的单位工程计划成本汇总表，见表6-3。

表6-3　单位工程计划成本汇总表

	清单项目编码	清单项目名称	合同价格	计划成本
1				
2				
……				

（4）按成本性质划分的单位工程成本汇总表，可根据清单项目的造价分析，对人工费、材料费、机械费、措施费、企业管理费和税费进行汇总，形成单位工程成本计划表。

单位工程成本计划应在项目实施方案确定和不断优化的前提下进行编制，因为不同的施工方案会导致直接工程费、措施费和企业管理费的差异。成本计划的编制是施工成本预防、控制的重要手段，因此单位应在工程开工前编制完成，以便将计划成本目标分解落实，为各项成本的执行提供明确的目标、控制手段和管理措施。

6.2.1.3　施工成本控制

施工成本控制是指在施工过程中对影响施工成本的各种因素加强管理，并采取有效措施将施工中实际发生的各种消耗和支出严格控制在成本计划范围内。通过随时揭示并及时反馈，严格审查各项费用是否符合标准，计算实际成本和计划成本间的差异并进行分析，进而采取多种措施，消除施工中的损失、浪费现象。

建筑工程项目施工成本控制应贯穿项目的全过程，且应是企业全面进行成本管理的重要环节。

施工成本控制可分为事先控制、事中控制（过程控制）和事后控制。在项目的施工过程中，应按动态控制原理对实际施工成本的发生过程进行有效控制。

合同文件和成本计划是成本控制的目标，进度报告和工程变更与索赔资料是成本控制过程中的动态资料。

施工成本控制的程序体现了动态跟踪控制的原理。成本控制报告可单独编制，也可根据需要与进度、质量、安全和其他进展报告结合，形成综合性的进展报告。

施工成本控制应满足以下要求：

（1）应根据施工计划成本目标值控制其生产要素的采购价格，并做好材料、设备进场数量和质量的检查、验收与保管；

（2）应控制生产要素的利用效率和消耗定额，还应做好不可预见成本风险的分析和预控，包括编制相应的应急措施等；

（3）控制影响效率和消耗量的其他因素（如工程变更等）所引起的施工成本增加；

（4）应将施工成本管理责任制度与对项目管理者的激励机制结合，以增强管理人员的施工成本意识和控制能力；

（5）承包人必须有健全的项目财务管理制度，按规定的权限和程序对建设项目资金的使用和费用的结算支付进行审核、审批，使其成为施工成本控制的重要手段之一。

6.2.1.4 施工成本核算

施工成本核算包括两个基本环节：一是按照规定的成本开支范围对施工费用进行归纳和分配，计算出施工费用的实际发生费用；二是根据成本核算对象，采用相应的方法，计算出施工项目的总成本和单位成本。施工成本管理须正确及时地核算施工过程中实际发生的各项费用，计算施工项目的实际成本。施工项目成本核算所提供的各种成本信息是成本预测、计划、控制、分析和考核等环节的依据。

施工成本核算一般以单位工程为成本核算对象，也可以按照承包工程项目的规模、工期、结构类型、施工组织和施工现场等情况，结合施工成本管理要求，划分成本核算对象。施工成本核算的基本内容包括人工费核算、材料费核算、周转材料费核算、结构件费核算、机械使用费核算、措施费核算、分包工程成本核算、间接费核算、项目月度施工成本报告编制。

施工成本核算制是明确施工成本核算的原则、范围、程序、方法、内容、责任及要求的制度。项目管理必须实行施工成本核算制，其与项目经理责任制等共同构成了项目管理的运行机制。组织管理层与项目管理层的经济关系、管理责任关系、管理权限关系以及项目管理组织所承担的责任成本核算的范围、核算业务流程和要求等，均应以制度的形式作出明确的规定。

项目经理部应建立一系列项目业务核算台账和施工成本会计账户，实施建设项目施工全过程的成本核算，可分为定期的成本核算和竣工工程成本核算。定期的成本核算是竣工工程全面成本核算的基础。

6.2.1.5 施工成本分析

施工成本分析是在施工成本核算的基础上，对施工成本的形成过程和影响成本增减的因素进行分析，寻求进一步降低施工成本的方法，包括有利偏差的挖掘和不利偏差的纠正。施工成本分析贯穿于施工成本管理的全过程，其是在施工成本的形成过程中利用施工项目的成本核算资料（成本信息），与目标成本、预算成本以及类似的施工项目的实际成本等进行比较，了解成本的变动情况；同时，还要分析主要技术经济指标对施工成本的影响，系统地研究施工成本变动的因素，检查施工成本计划的合理性，并通过成本分析揭示成本变动的规律，寻找降低施工项目成本的方法，以便有效地进行成本控制。对施工成本偏差的控制，分析是关键，纠偏是核心，应针对分析出的偏差发生原因，采取相应的措施，加以纠正。

成本偏差分为局部成本偏差和累计成本偏差。局部成本偏差包括项目的月度（或周、天等）核算成本偏差、专业核算成本偏差以及分部分项作业成本偏差等；累计成本偏差是指已完结工程在某一时间点上实际总成本与相应的计划总成本的差异。分析成本偏差的原因应采取定性和定量相结合的方法。

6.2.1.6 施工成本考核

施工成本考核是指在施工项目完成后，对施工项目成本形成中的责任者，按施工项目成本目标责任制的有关规定，将成本的实际指标与计划、定额、预算进行对比和考核，评定施工项目成本计划的完成情况和各责任者的业绩，并以此给予相应的奖励和处罚。

施工成本考核是衡量施工成本降低的实际成果，也是对成本指标完成情况的总结和评价。成本考核制度包括考核的目的、时间、范围、对象、方式、依据、指标、组织领导、评价与奖惩原则等内容。

施工成本降低额和施工成本降低率是成本考核的主要指标，应加强组织管理层对项目管理部的指导，并依靠技术人员、管理人员和作业人员的经验和智慧，防止项目管理在企业内部变成用少数人承担风险的以包代管模式。施工成本考核也可分别考核组织管理层和项目经理部。

项目管理组织对项目经理部进行考核与奖惩时，既要防止虚盈实亏，也要避免实际成本归集差错等的影响，使施工成本考核真正做到公平、公正、公开，并在此基础上采取施工成本管理责任制的奖惩或激励措施。

施工成本管理的每一环节都是相互联系和作用的。施工成本预测是施工成本决策的前提；施工成本计划是施工成本决策所确定目标的具体化；施工成本计划控制则是对施工成本计划的实施进行控制和监督，保证决策的成本目标的实现，而施工成本核算又是对施工成本计划是否实现的最后检验，其所提供的成本信息又对下一个施工项目成本预测和决策提供基础资料；施工成本考核是实现成本目标责任制的保证和实现决策目标的重要手段。

6.2.1.7　施工成本管理的基础工作内容

施工成本管理的基础工作内容是多方面的，成本管理责任体系的建立是施工成本管理最重要的基础工作，涉及施工成本管理的一系列组织制度、工作程序、业务标准和责任制度的建立。除此之外，还应从以下方面为施工成本管理创造良好的基础条件。

（1）统一组织内部工程项目成本计划的内容和格式。其内容应能反映施工成本的划分、各成本项目的编码及名称、计量单位、单位工程量计划成本及合计金额等，其内容和格式应由各企业按照自身的管理习惯和需要进行设计。

（2）建立企业内部施工定额，并保持其适应性、有效性和相对的先进性，为施工成本计划的编制提供依据。

（3）建立生产资料市场价格信息的收集网络和必要的派出询价网点，做好市场行情预测，保证采购价格信息的及时性和准确性。同时，建立企业的分包商、供应商评审注册名录，稳定发展良好的供方关系，为编制施工成本计划与采购工作提供支持。

（4）建立已完结项目的成本资料、报告报表等的归纳、整理、保管和使用管理制度。

（5）科学设计施工成本核算账册体系、业务台账、成本报告报表，为施工成本管理的业务操作提供统一的模式。

6.2.1.8　施工成本管理的措施

为了取得施工成本管理的理想成效，应从多方面采取措施实施管理。施工成本管理的措施，见表6-4。

表 6-4　施工成本管理的措施

措施	内容
组织措施	组织措施是从施工成本管理组织方面采取的措施。施工成本控制是全员的活动，如实行项目经理责任制，落实施工成本管理的组织机构和人员，确定各级施工成本管理人员的任务和职能分工、权力和责任。施工成本管理不仅是专业成本管理人员的工作，且各级项目管理人员均有施工成本控制责任 组织措施是编制施工成本控制工作计划、确定合理、详细的工作流程。做好施工采购规划，通过生产要素的优化配置、合理使用、动态管理，有效控制施工实际成本；加强施工定额管理和施工任务管理，控制化劳动和物化劳动的消耗；加强施工调度，避免因施工计划不周和盲目调度造成的窝工损失、机械利用率降低、物料积压等使施工成本增加。成本控制工作只有建立在科学管理的基础之上，具备合理的管理体制、完善的规章制度、稳定的作业秩序、完整准确的信息传递，方能取得成效。组织措施是其他各类措施的前提和保障，且一般不需要增加额外的费用，运用得当就可以得到良好的效果
技术措施	施工过程中降低成本的技术措施，包括进行技术经济分析，确定最佳的施工方案；结合施工方法，进行材料使用的比选，在满足功能要求的前提下，通过代用、改变配合比、使用外加剂等方法降低材料消耗的费用；确定最合适的施工机械、设备使用方案；结合项目的施工组织设计及自然地理条件，降低材料的库存和运输成本；应用先进的施工技术、运用新材料、使用新开发的机械设备等。在实践中，应避免从技术角度选定方案而忽视对其经济效果的分析论证 技术措施对解决施工成本管理过程中的技术问题是不可缺少的，且对纠正施工成本管理目标偏差也有相当重要的作用。因此，运用技术纠偏措施的关键：一是能提出多个不同的技术方案；二是对不同的施工技术方案进行技术经济分析
经济措施	经济措施是最容易被人们接受和采用的措施。管理人员应编制资金使用计划，确定、分解施工成本管理目标。对施工成本管理目标应进行风险分析，并制定防范性对策。对各种支出的费用，应认真做好资金的使用计划，并在施工中严格控制各项开支；应及时准确地记录、收集、整理、核算施工实际发生的成本。对各种变更情况，及时做好增减账，及时落实业主方签证，及时结算工程款。通过偏差分析和未完工工程预测，可发现一些潜在的可能引起未完工程施工成本增加的问题，对其应以主动控制为出发点，及时采取预防措施
合同措施	合同措施控制施工成本，应贯穿整个合同周期，包括从合同谈判开始到合同终结的全过程，应选用合适的合同结构，对各种合同结构模式进行分析、比较。在合同谈判时，应争取选用适合工程规模、性质和特点的合同结构模式；在合同的条款中，应仔细考虑所有影响成本和效益的风险因素，特别是潜在的风险因素。通过对可能会引起施工成本变动的风险因素进行识别和分析，并采取相应的风险对策。在合同执行期间应密切注视对方合同执行的情况，以寻求合同索赔的机会，且应密切关注自身履行合同的情况，以防被对方要求合同索赔

6.2.2　施工成本计划

6.2.2.1　施工成本计划的类型

1. 施工成本计划的类型，见表 6-5。

表6-5　施工成本计划的类型

类型	内容
竞争性成本计划	即工程项目投标及签订合同阶段的估算成本计划是以招标文件中的合同条件、投标者须知、技术规程、设计图纸或工程量清单等为依据,以有关价格条件说明为基础,结合调研和现场考察获得的情况,根据企业自身的材料的消耗标准、技术和管理水平、价格资料和费用指标,对企业完成招标工程所需要支出的全部费用的估算。在投标报价过程中,也考虑降低成本的方法和措施,但总体上较为粗略
指导性成本计划	即选用项目经理阶段的预算成本计划,是项目经理的责任,成本目标是以合同标书为依据,按照企业的预算定额标准制定的设计预算成本计划,且一般情况下要确定责任总成本指标
实施性计划成本	即项目施工准备阶段的施工预算成本计划,是以项目实施方案为依据,落实项目经理责任目标为出发点,采用企业的施工定额,通过施工预算的编制而形成的实施性施工成本计划

2. 施工预算与施工图预算的区别,见表6-6。

表6-6　施工预算与施工图预算的区别

区别	内容
编制的依据不同	施工预算的编制以施工定额为主要依据,施工图预算的编制以预算定额为主要依据
适用的范围不同	施工预算是施工企业内部管理用的一种文件,与建设单位无直接关系;施工图预算既适用于建设单位,又适用于施工单位
发挥的作用不同	施工预算是施工企业组织生产、编制施工计划、准备现场材料、签发任务书、考核工效、进行经济核算的依据,也是施工企业改善经营管理、降低生产成本和推行内部经营承包责任制的重要手段;施工图预算是投标报价的主要依据

在编制实施性计划成本时,要进行施工预算和施工图预算的对比分析。通过施工预算和施工图预算的对比,分析节约和超支的原因,以便提出解决问题的措施,防止工程成本的亏损,为降低工程成本提供依据。

(1) 施工预算和施工图预算对比的方法有实物对比法和金额对比法。

①实物对比法。将施工预算和施工图预算计算出的人工、材料消耗量分别填入施工预算和施工图预算对比表进行对比分析,算出节约或超支的数量及百分比,并分析其原因。

②金额对比法。将施工预算和施工图预算计算出的人工费、材料费、机械费分别填入施工预算和施工图预算对比表进行对比分析,算出节约或超支的金额及百分比,并分析其原因。

(2) 施工预算和施工图预算对比的内容如下:

①人工量及人工费的对比分析。施工预算的人工数量及人工费与施工图预算对比,一般宜在6%左右,这是由二者使用不同定额造成的。

②材料消耗量及材料费的对比分析。施工定额的材料损耗率一般都低于计价定额,同时,编制施工预算时还要考虑扣除技术措施的材料节约量。所以,施工预算的材料消耗量及材料费一般低于施工图预算。

有时,由于两种定额之间的水平不一致,个别项目也会出现施工预算的材料消耗量大于施工图预算的情况。不过,总的水平应该是施工预算低于施工图预算。如果出现反常情况,则应进行分析研究、找出原因、采取措施、加以解决。

③施工机械费的对比分析。施工预算机械费根据施工组织设计或施工方案所规定的实际进场机械，按其种类、型号、数量、使用期限和台班单价计算。而施工图预算的施工机械是计价定额综合确定的，与实际情况可能不一致。因此，施工机械部分只能采用两种预算的机械费进行对比分析。如果发生施工预算的机械费大量超支，且无特殊原因时，则应考虑改变原施工方案，做到不亏损、略有盈余。

④周转材料使用费的对比分析。周转材料主要指脚手架和模板。施工预算的脚手架是根据施工方案确定的搭设方式和材料，施工图预算则是综合了脚手架搭设方式，按不同结构和高度，以建筑面积为基数计算的；施工预算模板是按混凝土与模板的接触面积计算，施工图预算的模板则按混凝土体积综合计算。因而，周转材料宜按其发生的费用进行对比分析。

以上几类成本计划相互衔接和不断深化，构成了整个工程施工成本的计划过程。其中，竞争性计划成本带有成本战略的性质，是项目投标阶段商务标书的基础，而有竞争力的商务标书又是以其先进合理的技术标书为支撑的。因此，其奠定了施工成本的基本框架和水平，指导性计划成本和实施性计划成本都是战略性成本计划的进一步展开和深化，也是对战略性成本计划的战术安排。此外，根据项目管理的需要，实施性成本计划又可按施工成本组成、子项目组成、工程进度分别编制施工成本计划。

6.2.2.2　施工成本计划的编制依据

施工成本计划是施工项目成本控制的一个重要环节，是实现减少施工成本任务的指导性文件。如果施工项目所编制的成本计划达不到目标成本要求时，必须组织施工项目管理部的有关人员重新寻找降低成本的途径，并重新进行编制。同时，编制施工成本计划的过程是动员全体施工项目管理人员的过程，也是挖掘降低成本潜力的过程，还是检验施工技术质量管理、工期管理、物资消耗和劳动力消耗管理等是否有效落实的过程。

编制施工成本计划须广泛收集相关资料并进行整理，以作为施工成本计划编制的依据。在此基础上，根据有关设计文件、工程承包合同、施工组织设计、施工成本预测资料等，按照施工项目应投入的生产要素，结合各种因素的变化预测和拟采取的各种措施，估算施工项目生产费用支出的总水平，进而提出施工项目的成本计划控制指标，确定目标总成本。目标总成本确定后，应将总目标分解落实到各个机构、班组，便于进行控制子项目或工序，并通过综合平衡编制完成施工成本计划。

施工成本计划的编制依据包括：投标报价文件；企业定额、施工预算；施工组织设计或施工方案；人工、材料、机械台班的市场价；企业颁布的材料指导价、企业内部机械台班价格、劳动力内部挂牌价格；周转设备内部租赁价格、摊销损耗标准；已签订的工程合同、分包合同（或估价书）；结构件外加工计划和合同；有关财务成本核算制度和财务历史资料；施工成本预测资料；拟采取的降低施工成本的措施；其他相关资料等。

6.2.2.3　按施工成本组成编制施工成本计划的方法

施工成本计划的编制以施工成本预测为基础，确定目标成本。施工成本计划的制定须结合施工组织设计的编制过程，通过不断优化施工技术方案和合理配置生产要素，进行工、料、机消耗的分析，制定相应的节约成本和挖潜措施，确定施工成本计划。一般情况下，施工成本计划总额应控制在目标成本的范围内，并使成本计划建立在切实可行的基础上。

施工总成本目标确定之后，还需通过编制详细的实施性施工成本计划把目标成本层层分解，落实到施工过程的每个环节，有效地进行成本控制。施工成本计划有的按施工成本组成，还有的按施工项目组成，也有的按施工进度编制。

按《建设工程工程量清单计价规范》（GB50500—2008）规定，建筑安装工程费用项目组成（工程造价）由分部分项工程费、措施项目费、其他项目费、规费和税金组成，如图 6-3 所示。

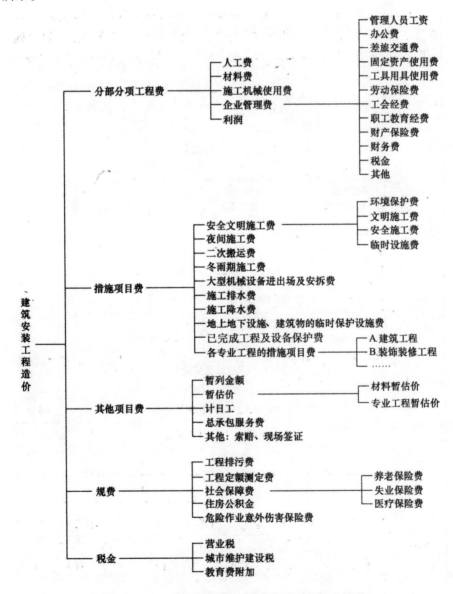

图 6-3　按工程量清单计价的建筑安装工程造价组成

施工成本可以按成本构成分解为人工费、材料费、施工机械使用费、措施项目费和企业管理费等，如图6-4所示，编制按施工成本组成的施工成本计划。

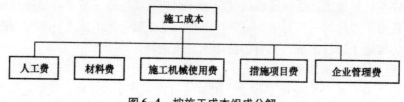

图6-4　按施工成本组成分解

6.2.2.4　按施工项目组成编制施工成本计划的方法

大中型工程项目通常是由若干单项工程构成的，而每个单项工程包括了多个单位工程，每个单位工程又是由若干个分部分项工程所构成。因此，应把项目总施工成本分解到单项工程和单位工程中，进一步分解到分部工程和分项工程中，如图6-5所示。

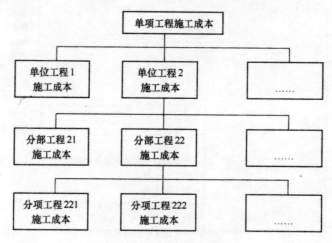

图6-5　按项目组成分解

完成施工项目成本目标分解后，具体地分配施工成本、编制分项工程的成本支出计划，就得到详细的成本计划表，见表6-7。

表6-7　分项工程成本计划表

分项工程编码	工程内容	计量单位	工程数量	计划成本	本分项总计
(1)	(2)	(3)	(4)	(5)	(6)

编制成本支出计划时，应在项目总的方面考虑总的预备费，在主要的分项工程中适当安排不可预见费，避免在具体编制成本计划发现个别单位工程或工程量表中某项内容的工程量计算有较大差错，从而使原来的成本预算失实，并在项目实施过程中对其尽可能地采取一些措施。

6.2.2.5 按施工进度编制施工成本计划的方法

在网络计划基础上对施工成本目标按时间进行分解，可获得项目进度计划的横道图，在此基础上编制成本计划。其表示方式有两种：一种是在时标网络图上按月编制的成本计划，如图6-6所示；另一种是用时间—成本累积曲线（S形曲线）表示，如图6-7所示。

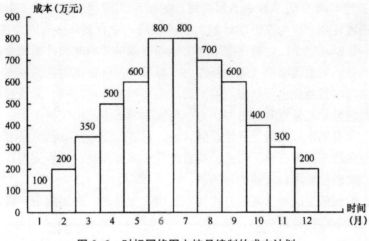

图6-6 时标网络图上按月编制的成本计划

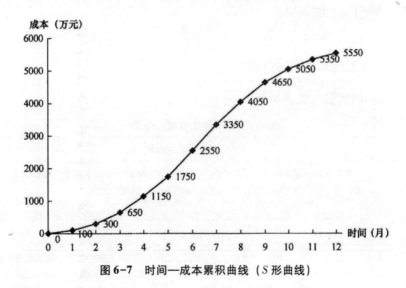

图6-7 时间—成本累积曲线（S形曲线）

时间—成本累积曲线的绘制步骤如下：

（1）确定工程项目进度计划，编制进度计划的横道图。

（2）根据每单位时间内完成的实物工程量或投入的人力、物力和财力，计算单位时间（月或旬）的成本，在时标网络图上按时间编制成本支出计划，如图6-6所示。

（3）计算规定时间 t 计划累计支出的成本额，其计算方法为：各单位时间计划完成的成本额累加求和，可按下式计算：

$$Q_t = \sum_{n=1}^{t} q_n \tag{6-1}$$

式中　Q_t——某时间 t 内计划累计支出成本额；

　　　q_n——单位时间规定的计划支出成本额；

　　　t——某规定计划时刻。

（4）按各规定时间的 Q_t 值绘制 S 形曲线，如图 6-7 所示。每一条 S 形曲线都对应某一特定的工程进度计划。因为在进度计划的非关键路线中存在许多有时差的工序或工作。S 形曲线（成本计划值曲线）包括在由全部工作都按最早开始时间开始和全部工作都按最迟必须开始时间开始的曲线所组成的香蕉图内。项目经理可根据编制的成本支出计划来合理安排资金，同时项目经理也可以根据筹措的资金来调整 S 形曲线，即通过调整非关键路线上的工序项目的最早或最迟开工时间，力争将实际的成本支出控制在计划的范围内。

一般而言，所有工作都按最迟开始时间开始，对节约资金贷款利息是有利的，但同时也降低了项目按期竣工的保证率。因此，项目经理必须合理确定成本支出计划，以达到既节约成本支出，又能控制项目工期的目的。

综上所述，编制施工成本计划的方式并不是相互独立的。在实践中，将这几种方式结合起来使用，可以取得扬长避短的效果。

6.2.3　施工成本控制

6.2.3.1　施工成本控制的依据

施工成本控制的依据，见表 6-8。

表 6-8　施工成本控制的依据

项目	内容
工程承包合同	施工成本控制要以工程承包合同为依据，围绕降低工程成本这个目标，从预算收入和实际成本两方面，努力挖掘增收节支潜力，以获得最大的经济效益
施工成本计划	施工成本计划是根据施工项目的具体情况制定的施工成本控制方案，既包括预定的具体成本控制目标，又包括实现控制目标的措施和规划，是施工成本控制的指导文件
进度报告	进度报告提供了每一时刻的工程实际完成量，工程施工成本实际支付情况等重要信息。施工成本控制工作正是通过将实际情况与施工成本计划相比较，找出其之间的差别，分析偏差产生的原因，从而采取措施改进以后的工作。进度报告有助于管理者及时发现工程实施中存在的隐患，并在可能造成重大损失之前采取有效措施，尽量避免损失
工程变更	在项目的实施过程中，由于各方面的原因，工程变更是很难避免的。工程变更包括设计变更、进度计划变更、施工条件变更、技术规范与标准变更、施工次序变更、工程量变更等。出现变更，工程量、工期、成本均会发生变化，从而使施工成本控制工作变得更加复杂和困难。因此，施工成本管理人员应通过对变更要求中各类数据的计算、分析，及时掌握变更情况，包括已发生工程量、将要发生工程量、工期是否拖延、支付情况等重要信息，判断变更以及变更可能带来的索赔额度等

6.2.3.2 施工成本控制的步骤

确定施工成本计划后，应定期进行施工成本计划值与实际值的比较。当实际值偏离计划值时，分析其产生偏差的原因，采取相应的纠偏措施，确保施工成本控制目标的实现。施工成本控制的步骤，见表6-9。

表6-9 施工成本控制的步骤

项目	内容
比较	按照某种确定的方式将施工成本计划值与实际值逐项进行比较，以确定施工成本是否已超支
分析	在比较的基础上，对比较的结果进行分析，以确定偏差的严重性及偏差产生的原因 分析是施工成本控制工作的核心，其主要目的是找出产生偏差的原因，从而采取有针对性的措施，减少或避免相同原因的发生或减少由此造成的损失
预测	按照完成情况，预测估计出未完成项目所需的总费用
纠偏	当工程项目的实际施工成本出现偏差时，应根据工程的具体情况、偏差分析和预测的结果，采取相应的措施，以达到使施工成本偏差尽可能小的目的。纠偏是施工成本控制中最具实质性的一步。通过纠偏，可达到有效控制施工成本的目的
检查	检查是指对工程的进展进行跟踪和检查，及时了解工程进展状况以及纠偏措施的执行情况和效果，为今后的工作积累经验

6.2.3.3 施工成本控制的方法

1. 施工成本的过程控制方法

施工阶段是控制建设工程项目成本发生的主要阶段，通过确定成本目标并按计划成本进行施工、资源配置，对施工现场发生的各种成本费用进行有效控制。

（1）人工费的控制

对人工费的控制采取量价分离的方法，将作业用工及零星用工按定额工日的一定比例综合确定用工数量与单价，通过劳务合同进行控制。

①人工费的影响因素，见表6-10。

表6-10 人工费的影响因素

因素	内容
社会平均工资水平	社会平均工资水平取决于经济发展水平。改革开放以来经济迅速增长，社会平均工资也大幅增长，从而导致人工单价的大幅提高
生产消费指数	生产消费指数的提高会导致人工单价的提高，以抑制生活水平的下降，或维持原来的生活水平。生活消费指数的变动取决于物价的变动，尤其取决于生活消费品物价的变动
劳动力市场供需变化	劳动力市场如果供不应求，人工单价就会提高；供过于求，人工单价就会下降
其他	（1）政府推行的社会保障制度和福利政策也会影响人工单价的变动； （2）经会审的施工图、施工定额、施工组织设计等决定人工的消耗量

②控制人工费的方法有：加强劳动定额管理、提高劳动生产率，而降低工程耗用人工

工日是控制人工费支出的主要手段。

③制定先进合理的企业内部劳动定额，严格执行劳动定额，将安全生产、文明施工及零星用工要求下达到作业队进行控制。全面推行全额计件的劳动管理办法和单项工程集体承包的经济管理办法，以不突破施工图预算人工费指标为控制目标，对各班组实行工资包干制度。认真执行按劳分配的原则，使个人所得与劳动贡献一致，充分调动劳动积极性，杜绝出工不出力的现象。将工程项目的进度、安全、质量等指标与定额管理结合，提高劳动者的综合能力，实行奖励制度。

④提高生产工人的技术水平和作业队的组织管理水平，根据施工进度、技术要求，合理搭配各工种工人的数量，减少和避免无效劳动。不断地改善劳动组织，创造良好的工作环境，改善工人的劳动条件，提高劳动效率。合理调节各工序人数情况，安排劳动力时，避免技术上的浪费，既要加快工程进度，又要节约人工费用。

⑤加强职工的技术培训和多种施工作业技能的培训，不断提高职工的业务技术水平和熟练操作程度，培养一专多能的技术工人，提高作业工效。提倡技术革新和推广新技术，提高技术装备水平和工厂化生产水平，提高企业的劳动生产率。

⑥实行弹性需求的劳务管理制度。对施工生产各环节上的业务骨干和基本的施工力量，应保持相对稳定。对短期需要的施工力量，应做好预测、计划管理，通过企业内部的劳务市场及外部协作队伍进行调剂。严格做到项目部的定员随工程进度要求波动，进行弹性管理，打破行业、工种界限，提倡一专多能，提高劳动力的利用效率。

（2）材料费的控制

材料费控制是按照量价分离原则，控制材料用量和材料价格。材料费的控制方法，见表6-11。

表6-11　材料费的控制方法

项目	内容
材料用量的控制	①定额控制。对有消耗定额的材料，以消耗定额为依据，实行限额发料制度。在规定限额内分期分批领用，超过限额领用的材料，须先查明原因，经过一审批手续后方可领料。 ②指标控制。对没有消耗定额的材料，则实行计划管理和按指标控制的办法。根据以往项目的实际耗用情况，结合具体施工项目的内容和要求，制定领用材料指标，以控制发料。超过指标的材料，必须经过一定的审批手续方可领用 ③计量控制。准确做好材料物资的收发计量检查和投料计量检查 ④包干控制。在材料使用过程中，对部分小型及零星材料（如钢钉等）应根据工程量计算出所需材料量，将其折算成费用，由施工作业者包干控制
材料价格的控制	材料价格主要由材料采购部门控制。材料价格是由买价、运杂费、运输中的合理损耗等组成。控制材料价格主要通过掌握市场信息进行，用招标和询价等方式控制材料、设备的采购价格 施工项目的材料物资，包括构成工程实体的主要材料和结构件，以及有助于工程实体形成的周转使用材料和低值易耗品。从价值角度看，材料物资的价值约占建筑安装工程造价的60%～70%。材料物资的供应渠道和管理方式不同，因此控制的内容和所采取的控制方法也有所不同

（3）施工机械使用费的控制

施工机械使用费的控制见表6-12。

表6-12 施工机械使用费的控制

项目	内容
控制台班数量	①根据施工方案和现场实际，选择适合项目施工特点的施工机械，制定设备需求计划，合理安排施工生产，充分利用现有机械设备，加强内部调配，提高机械设备的利用率； ②保证施工机械设备的作业时间，安排各生产工序的衔接，以避免停工窝工，尽量减少施工中所消耗的机械台班数量 ③核定设备台班定额产量，实行超产奖励办法，加快施工生产进度，提高机械设备单位时间的生产效率和利用率 ④加强设备租赁计划管理，减少不必要的设备闲置与浪费，充分利用社会闲置机械资源
控制台班单价	①加强现场设备的维修、保养工作，降低大修、经常性修理等各项费用的开支，提高机械设备的完好率，最大限度地提高机械设备的利用率，避免因不当使用造成机械设备的停置 ②加强机械操作人员的培训工作，提高操作水平，提高施工机械台班的生产效率 ③加强配件的管理，建立健全配件领发料制度，严格控制油料消耗，达到修理有记录，消耗有定额，统计有报表，损耗有分析。通过分析总结，提高修理质量，降低配件消耗，以减少修理费用的支出 ④降低材料成本，严格控制施工机械配件和工程材料采购，尽量做到工程项目所进材料质优价廉 ⑤成立设备管理领导小组，负责设备调度、检查、维修、评估等事宜。对主要部件及其保养情况建立档案，分清责任，便于尽早发现问题，找到解决问题的办法

（4）施工分包费用的控制

分包工程价格的高低会对项目经理部的施工项目成本产生一定的影响，因此施工项目成本控制的重要工作之一是对分包价格的控制。项目经理部应在确定施工方案的初期确定需要分包的工程范围。决定分包范围的因素主要是施工项目的专业性和项目规模。对分包费用的控制，主要是要做好分包工程的询价、订立平等互利的分包合同、建立稳定的分包关系网络、加强施工验收和分包结算等工作。

2. **赢得值（挣值）法**

（1）赢得值法的三个基本参数

①已完工作预算费用

已完工作预算费用（BCWP）是指在某一时间已完成的工作（或部分工作），以批准认可的预算为标准所需要的资金总额，由于业主是根据此值为承包人完成的工作量支付相应的费用，也就是承包人获得（挣得）的金额，故称赢得值或挣值。

$$已完工作预算费用（BCWP）= 已完成工作量×预算单价 \qquad (6-2)$$

②计划工作预算费用

计划工作预算费用（BCWS）是根据进度计划在某一时刻应当完成的工作（或部分工作），以预算为标准所需要的资金总额，除非合同有变更，计划工作预算费用在工程实施过程中应保持不变。

$$计划工作预算费用（BCWS）= 计划工作量×预算单价 \qquad (6-3)$$

③已完工作实际费用

已完工作实际费用（ACWP）即到某一时刻为止，已完成的工作（或部分工作）所实际花费的总金额。

$$已完工作实际费用（ACWP）＝已完成工作量×实际单价 \qquad (6-4)$$

（2）赢得值法的四个评价指标

赢得值法的四个评价指标，见表6-13。

表6-13　赢得值法的四个评价指标

指标	内容
费用偏差（CV）	费用偏差（CV）＝已完工作预算费用（BCWP）－已完工作实际费用（ACWP） 当费用偏差（CV）为负值时，即表示项目运行超出预算费用；当费用偏差（CV）为正值时，即表示项目运行的实际费用没有超出预算费用
进度偏差（SV）	进度偏差（SV）＝已完工作预算费用（BCWP）－计划工作预算费用（BCWS） 当进度偏差（SV）为负值时，表示进度延误，即实际进度落后于计划进度；当进度偏差（SV）为正值时，表示进度提前，即实际进度快于计划进度
费用绩效指数（CPI）	费用绩效指数（CPI）＝已完工作预算费用（BCWP）/已完工作实际费用（ACWP） 当费用绩效指数（CPI）<1时，表示超支，即实际费用高于预算费用 当费用绩效指数（CPI）>1时，表示节支，即实际费用低于预算费用
进度绩效指数（SPI）	进度绩效指数（SPI）＝已完工作预算费用（BCWP）/计划工作预算费用（BCWS） 当进度绩效指数（SPI）<1时，表示进度延误，即实际进度比计划进度拖后 当进度绩效指数（SPI）<1时，表示进度提前，即实际进度比计划进度快

3. 偏差分析的表达方法

偏差分析的表达方法，见表6-14。

表6-14　偏差分析的表达方法

方法	内容
横道图法	横道图法进行费用偏差分析是用不同的横道标识出已完工作预算费用（BCWP）、计划工作预算费用（BCWS）和已完工作实际费用（ACWP），横道的长度与其金额成正比例 横道图法形象、直观、一目了然，能准确表达出费用的绝对偏差，且可一眼感受到偏差的严重性。但此种方法反映的信息量少，一般在项目的较高管理层应用
表格法	表格法是进行偏差分析最常用的一种方法 表格法是将项目编号、名称、各费用参数以及费用偏差数综合纳入一张表格中，并直接在表格中进行比较。各偏差参数均在表中列出，因此费用管理者能够综合地了解并处理这些数据。 表格法进行偏差分析，具有如下优点： ①灵活、适用性强。可根据实际需要设计表格，进行增减 ②信息量大。可反映偏差分析所需的资料，有利于控制人员对施工费用及时采取相应的措施，加强控制 ③表格处理可借助于计算机，节约大量数据处理所需的人力，并大大提高其处理速度
曲线法	如图6-8所示，$CV=BCWP-ACWP$，两项参数均以已完工作为计算基准，因此两项参数之差可反映项目进展的费用偏差 $SV=BCWP-BCWS$，两项参数均以预算值（计划值）为计算基准，因此，两者之差可反映项目进展的进度偏差

采用赢得值法进行费用、进度综合控制，还可以根据当前的进度、费用偏差情况，通过原因分析，对趋势进行预测，预测项目结束时的进度、费用情况，可按下式进行计算：

$$ACV = BAC - EAC \tag{6-5}$$

式中　ACV——预测项目完工时的费用偏差；

　　　BAC——项目完工预算是指编计划时预计的项目完工费用；

　　　EAC——预测的项目完工估算是指计划执行过程中根据当前的进度、费用偏差情况预测的项目完工总费用。

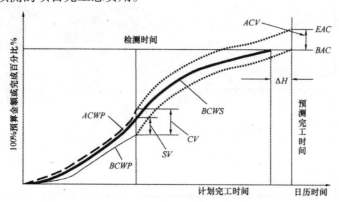

图6-8　赢得值法评价曲线

4. 偏差原因分析与纠偏措施

（1）偏差原因分析

在实际执行过程中，理想的状态是已完工作实际费用（$ACWP$）、计划工作预算费用（$BCWS$）、已完工作预算费用（$BCWP$）三条曲线靠得很近、平稳上升，这表示项目按预定计划目标进行。如果三条曲线离散度不断增加，则表示可能发生与项目成败有关的重大问题。

偏差分析的一个重要目的就是找出引起偏差的原因，从而有可能采取有针对性的措施，减少或避免相同问题的再次发生。在进行偏差原因分析时，应当将已经导致和可能导致偏差的各种原因逐一列举出来。导致不同工程项目产生费用偏差的原因具有一定共性，可通过对已建项目的费用偏差原因进行归纳、总结，为项目采用预防措施提供依据。

产生偏差费用的原因，如图6-9所示。

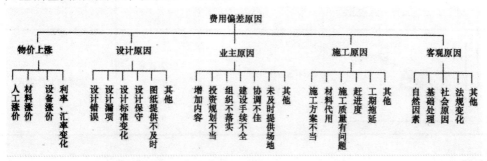

图6-9　费用偏差原因

（2）纠偏措施

压缩已经超支的费用，而不损害其他目标是十分困难的，只有当给出的措施比原计划已选定的措施更为有利，或使工程范围减少，或生产效率提高，成本才能降低。

赢得值法参数分析与对应措施表，见表6-15。

表6-15　赢得值法参数分析与对应措施表

序号	图型	三参数关系	分析	措施
1		$ACWP>BCWS>BCWP$ $SV<0,CV<0$	效率低 进度较慢 投入超前	用工作效率高的人员替换一批工作效率低的人员
2		$BCWP>BCWS>ACWP$ $SV>0,CV>0$	效率高 进度较快 投入延后	若偏离不大，维持现状
3		$BCWP>ACWP>BCWS$ $SV>0,CV>0$	效率较高 进度快 投入延后	抽出部分人员，放慢进度
4		$ACWP>BCWP>BCWS$ $SV>0,CV<0$	效率较低 进度较快 投入超前	抽出部分人员，增加少量骨干人员
5		$BCWS>ACWP>BCWP$ $SV<0,CV<0$	效率较低 进度慢 投入超前	增加高效人员投入
6		$BCWS>BCWP>ACWP$ $SV<0,CV>0$	效率较高 进度较慢 投入延后	迅速增加人员投入

6.2.4 施工成本分析

6.2.4.1 施工成本分析的依据

1. 会计核算

会计核算主要是价值核算。会计是对一定单位的经济业务进行计量、记录、分析和检查，做出预测，参与决策，实行监督，旨在实现最优经济效益的一种管理活动。会计核算通过设置账户、复式记账、填制和审核凭证、登记账簿、成本计算、财产清查和编制会计报表等一系列有组织、有系统的方法，记录企业的一切生产经营活动，据以提出一些用货币来反映的有关各种综合性经济指标的数据。资产、负债、所有者权益、收入、费用和利润为会计六要素指标，主要通过会计核算。由于会计记录具有连续性、系统性、综合性等特点，故其是施工成本分析的重要依据。

2. 业务核算

业务核算是各业务部门根据业务工作的需要而建立的核算制度，包括原始记录和计算登记表，如单位工程及分部分项工程进度登记，质量登记，工效、定额计算登记，物资消耗定额记录，测试记录等。业务核算的范围比会计、统计核算广，会计和统计核算一般是对已发生的经济活动进行核算；而业务核算不但可以对已经发生的，而且还可以对尚未发生或正在发生的经济活动进行核算，看是否可以做、是否有经济效果。其特点是对个别的经济业务进行单项核算。业务核算的目的在于迅速取得资料，在经济活动中及时采取措施进行调整。

3. 统计核算

统计核算是利用会计核算资料和业务核算资料，把企业生产经营活动客观现状的大量数据，按统计方法加以系统整理，表明其规律性。统计核算计量尺度比会计核算宽，可用货币计算，也可用实物或劳动量计量。统计核算通过全面调查和抽样调查等特有的方法，不仅能提供绝对数指标；还能提供相对数和平均数指标，可以计算当前的实际水平，确定变动速度，还可以预测发展的趋势。

6.2.4.2 施工成本分析的方法

1. 施工成本分析的基本方法

（1）比较法，又称指标对比分析法。比较法是通过技术经济指标的对比，检查目标的完成情况，分析产生差异的原因，进而挖掘内部潜力的方法。比较法具有通俗易懂、简单易行、便于掌握的特点，因此得到了广泛的应用。在应用时，必须注意各技术经济指标的可比性。比较法应用的形式见表6-16。

表 6-16　比较法应用的形式

形式	内容
将实际指标与目标指标对比	将实际指标与目标指标进行对比，检查目标完成情况，分析影响目标完成的积极因素和消极因素，以便及时采取措施，保证成本目标的实现。在进行实际指标与目标指标对比时，应注意目标本身有无问题。如果目标本身出现问题，则应调整目标，重新正确评价实际工作的成绩
本期实际指标与上期实际指标对比	通过将本期实际指标与上期实际指标对比，可以看出各项技术经济指标的变动情况，反映出施工管理水平的提高程度
与本行业平均水平、先进水平对比	通过与本行业平均水平、先进水平作对比，可以反映本项目的技术管理和经济管理与行业的平均水平和先进水平的差距，进而采取相应措施，提高项目水平

（2）因素分析法，又称连环置换法。因素分析法可用以分析各种因素对成本的影响程度。在进行分析时，应假定众多因素中的一个因素发生变化，其他因素则不变，逐个替换，分别比较其计算结果，以确定各个因素的变化对成本的影响程度。

①确定分析对象，并计算出实际数与目标数的差异。

②确定该指标是由哪些因素组成的，并按其相互关系进行排序（排序顺序是先实物量，后价值量；先绝对值，后相对值）。

③以目标数为基础，将各因素的目标数相乘，结果作为分析替代的基数。

④将各个因素的实际数按上面的排列顺序进行替换计算，并将替换后的实际数保留。

⑤将每次替换计算所得的结果，与前一次的计算结果进行比较，两者的差异即为该因素对成本的影响程度。

⑥各个因素的影响程度之和，应与其分析对象的总差异相等。

（3）差额计算法是因素分析法的一种简化形式，利用各个因素的目标值与实际值的差额计算其对成本的影响程度。

（4）比率法是指用两个以上的指标的比例进行分析的方法。比率法的基本特点是：把对比分析的数值变成相对数，观察其相互之间的关系。比率法的种类见表 6-17。

表 6-17　比率法的种类

种类	内容
相关比率法	项目经济活动的各个方面是相互联系、相互依存及相互影响的，因而可将两个性质不同而又相关的指标加以对比，求出比率，并以此考察经营成果的好坏
构成比率法	构成比率法，又称比重分析法或结构对比分析法。通过构成比率法，可以考察成本总量的构成情况及各成本项目占成本总量的比重，同时也可看出量、本、利的比例关系（即预算成本、实际成本和降低成本的比例关系），从而为寻求降低成本的途径指明方向
动态比率法	动态比率法是将同类指标不同时期的数值进行对比，求出比率，以分析该指标的发展方向和发展速度。动态比率的计算通常采用基期指数和环比指数两种方法

2. 综合成本的分析方法

综合成本是指涉及多种生产要素，并受多种因素影响的成本费用，如分部分项工程成本等。这些成本是随着项目施工的进展而逐步形成的，与生产经营有密切的关系。因此做好上述成本的分析工作，将促进项目的生产经营管理，提高项目的经济效益。

（1）分部分项工程成本分析

分部分项工程成本分析是施工项目成本分析的基础，以已完成分部分项工程为对象。

分部分项工程成本分析的方法是：进行预算成本、目标成本和实际成本的"三算"对比，分别计算实际偏差和目标偏差、分析偏差产生的原因，为今后的分部分项工程成本寻求节约途径。

分部分项工程成本分析的资料来源：预算成本来自投标报价成本，目标成本来自施工预算，实际成本来自施工任务单的实际工程量、实耗人工和限额领料单的实耗材料。

由于施工项目包括很多分部分项工程，不可能对每一个分部分项工程都进行成本分析，特别是工程量小、成本费用微不足道的零星工程。但是，对那些主要分部分项工程则必须进行分部分项工程成本分析，且要做到从开工到竣工进行系统的成本分析。分部分项工程成本分析是很有意义的工作，因为通过主要分部分项工程成本的系统分析，可以基本了解项目成本形成的全过程，为竣工成本分析和今后的项目成本管理提供一份宝贵的参考资料。

分部分项工程成本分析表的格式，见表 6-18。

表 6-18　分部分项工程成本分析

单位工程：_____

分部分项工程名称：_____　工程量：_____　施工班组：_____　施工日期：_____

工料名称	规格	单位	单价	预算成本		目标成本		实际成本		实际与预算比较		实际与目标比较	
				数量	金额	数量	金额	数量	金额	数量	金额	数量	金额
合计													
实际与预算比较（%）（预算＝100）													
实际与计划比较（%）（计划＝100）													
节超原因说明													

编制单位：　　　　　　　成本员：　　　　　　　　　　　　填表日期：

（2）月（季）度成本分析

月（季）度成本分析是施工项目定期的、经常性的中间成本分析。对于具有一次性特点的施工项目来说，有特别重要的意义。通过月（季）度成本分析，可以及时发现问题，便于按照成本目标指定的方向进行监督和控制，保证项目成本目标的实现。月（季）度成本分析的依据是当月（季）的成本报表。分析的方法，通常有以下几个方面：

①通过实际成本与预算成本的对比，分析当月（季）的成本降低水平；通过累计实际成本与累计预算成本的对比，分析累计的成本降低水平，预测实现项目成本目标的可能性。

②通过实际成本与目标成本的对比，分析目标成本的落实情况以及目标管理中的问题和不足，进而采取措施，加强成本管理，保证成本目标的落实。

③通过对各成本项目的成本分析，可以了解成本总量的构成比例和成本管理的薄弱环节。

④通过主要技术经济指标的实际与目标对比，分析产量、工期、质量、三材节约率、机械利用率等对成本的影响。

⑤通过对技术组织措施执行效果进行分析，寻求更加有效的节约途径。

⑥分析其他有利条件和不利条件对成本的影响。

（3）年度成本分析

企业成本要求一年结算一次，不得将本年成本转入下一年。项目成本则是以项目的生命周期为结算期，要求从开工到竣工到保修期结束连续计算，结算出成本总量及其盈亏。由于项目的施工周期一般较长，除进行月（季）度成本核算和分析外，还要进行年度成本的核算和分析，不仅是满足企业汇编年度成本报表的需要，同时也是项目成本管理的需要。通过年度成本的综合分析，可以总结一年来成本管理的成绩和不足之处，为以后的成本管理提供经验和教训，进而可对项目成本进行更有效的管理。

年度成本分析的依据是年度成本报表。年度成本分析的内容除了月（季）度成本分析的六个方面外，重点是针对下一年度的施工进展情况规划切实可行的成本管理措施，保证施工项目成本目标的实现。

（4）竣工成本的综合分析

凡是有几个单位工程而且是单独进行成本核算（即成本核算对象）的施工项目，其竣工成本分析应以各单位工程竣工成本分析资料为基础，对项目经理部的经营效益（如资金调度、对外分包等所产生的效益）进行综合分析。如果施工项目只有一个成本核算对象（单位工程），可以将该成本核算对象的竣工成本资料作为成本分析的依据。

单位工程竣工成本分析包括竣工成本分析、主要资源节超对比分析、主要技术节约措施及经济效果分析。

通过以上分析，可以全面了解单位工程的成本构成和降低成本的措施，对以后同类工程的成本管理具有很高的参考价值。

任务6.3　工程项目质量管理

6.3.1　质量管理与质量控制

6.3.1.1　对质量管理与质量控制的理解

1. 质量和质量管理

（1）根据国家标准《质量管理体系基础和术语》（GB/T19000—2008/ISO9000：

2005）的定义，质量是指一组固有特性满足要求的程度。就工程质量来讲，其固有特性包括使用功能、寿命以及可靠性、安全性、经济性等，其特性满足要求的程度越高，质量就越好。

（2）质量管理是在质量方面指挥和控制组织的协调的活动。这些活动包括制定质量方针和质量目标以及质量策划、质量控制、质量保证和质量改进等一系列工作。组织必须通过建立质量管理体系实施质量管理；质量方针是组织最高管理者的质量宗旨、经营理念和价值观的反映；在质量方针的指导下，制定组织的质量手册、程序性管理文件和质量记录；落实组织制度，合理配置各种资源，明确各级管理人员在质量活动中的责任分工与权限界定等，形成组织质量管理体系的运行机制，保证整个体系的有效运行，从而实现质量目标。

2. 质量控制

（1）根据国家标准《质量管理体系基础和术语》（GB/T19000—2008/ISO9000：2005）的定义，质量控制是质量管理的一部分，致力于满足质量要求的一系列相关活动，包括设定标准、测量结果、评价、纠偏。

（2）由于建筑工程项目的质量要求是由业主（或投资者、项目法人）提出的，即建筑工程项目的质量总目标是业主的建筑意图，要通过项目策划，包括项目的定义及建筑规模、系统构成、使用功能和价值、规格标准等定位策划和目标决策来确定。

建筑工程项目质量控制应在工程勘察设计、招标采购、施工安装、竣工验收等各个阶段，项目参与各方均应围绕满足业主要求的质量总目标而努力。

（3）质量控制活动包含作业技术活动和管理活动。产品或服务质量的产生是由作业过程直接形成的。因此，作业技术方法的正确选择和作业技术能力的充分发挥是质量控制的致力点，组织或人员具备相关的作业技术能力是生产合格的产品或服务质量的前提条件。

在社会化大生产的条件下，只有通过科学的管理，对作业技术活动过程进行科学的组织和协调，才能使作业技术能力得到充分发挥，实现预期的质量目标。

（4）质量控制是质量管理的一部分。质量控制是在明确的质量目标和具体条件下，通过行动方案和资源配置的计划、实施、检查和监督，进行质量目标的事前预控、事中控制和事后纠偏控制，实现预期质量目标的系统过程。

6.3.1.2　全面质量管理思想和方法的应用

1. 全面质量管理（TQC）的思想

TQC的特点是以顾客满意为宗旨，领导参与质量方针和目标的制定，提倡预防为主、科学管理、用数据说话等。世界标准化组织颁布的《质量管理体系标准（GB/T19000-ISO9000：2005）》体现了这些重要特点和思想。建设工程项目的质量管理应贯彻实行全面全过程、全员参与管理的思想和方法。

（1）全面质量管理

建设工程项目的全面质量管理是指建设工程项目参与各方所进行的工程项目质量管理的总称，包括工程（产品）质量和工作质量的全面管理。工作质量是产品质量的保证，工作质量直接影响产品质量的形成。业主、监理单位、勘察单位、设计单位、施工总承包单位、施工分包单位、材料设备供应商等任何一方的怠慢疏忽或质量责任不到位，均会对建设工程质量造成不利影响。

（2）全过程质量管理

全过程质量管理是指根据建设工程质量的形成规律，从源头抓起，全过程推进。GB/T19000—2008强调质量管理的过程方法管理原则，要求应用过程方法进行全过程质量控制。进行控制的主要过程有项目策划与决策过程、勘察设计过程、施工采购过程、施工组织与准备过程、检测设备控制与计量过程、施工生产的检验试验过程、工程质量的评定过程、工程竣工验收与交付过程、工程回访维修服务过程等。

（3）全员参与质量管理

按照全面质量管理的思想，组织内部的各部门和工作岗位均承担着相应的质量职能，组织的最高管理者确定质量方针和目标后，应组织和动员全体员工参与实施质量方针的系统活动，发挥其角色作用。

全员参与质量管理的重要手段是运用目标管理方法，将组织的质量总目标逐级分解，使其形成自上而下的质量目标分解体系和自下而上的质量目标保证体系，发挥组织系统内部每个工作岗位、部门或团队在实现质量总目标过程中的作用。

2. 质量管理的 PDCA 循环

在长期的生产实践和理论研究中形成的 PDCA 循环，是建立质量体系和进行质量管理的基本方法。PDCA 循环示意图，如图 6-10 所示。

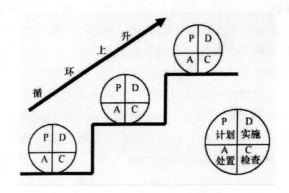

图 6-10　PDCA 循环示意图

（1）计划 P（Plan）

计划由目标和实现目标的手段组成，因此说计划是一条目标—手段链。质量管理的计划职能包括确定质量目标和制定实现质量目标的行动方案两方面。实践表明，质量计划的严谨周密、经济合理和切实可行，是保证工作质量、产品质量和服务质量的前提条件。

建设工程项目的质量计划是由项目参与各方根据其在项目实施中所承担的任务、责任范围和质量目标，制定项目质量计划形成的质量计划体系。

建设单位的工程项目质量计划包括确定和论证项目总体的质量目标，提出项目质量管理的组织、制度、工作程序、方法和要求。项目其他各参与方则根据工程合同规定的质量标准和责任，在明确各自质量目标的基础上，制定实施相应范围质量管理的行动方案，包括技术方法、业务流程、资源配置、检验试验要求、质量记录方式、不合格处理、管理措施等具体内容和做法的质量管理文件。同时，对其实现预期目标的可行性、有效性、经济合理性进行分析论证，按照规定的程序与权限，通过审批后执行。

（2）实施 D（Do）

实施职能在于将质量的目标值，通过生产要素的投入、作业技术活动和产出过程，转换为质量的实际值。

为保证工程质量的产出或形成过程能达到预期的结果，在各项质量活动实施前，应根据质量管理计划进行行动方案的部署和交底。交底的目的是使具体的管理者和作业者明确质量计划的意图和要求，掌握质量标准及其程序与方法。在质量活动的实施过程中，应严格执行计划的行动方案、规范行为，将质量管理计划的各项规定和安排落实到具体的资源配置和作业技术活动中。

（3）检查 C（Check）

检查是指对计划实施的过程进行检查，包括作业者的自检、互检和专职管理者的专检。检查的内容包含两方面：①检查是否严格执行计划的行动方案，实际条件是否发生变化，及不执行计划的原因；②检查计划执行的结果，即产出的质量是否达到标准的要求，并对此进行确认和评价。

（4）处置 A（Action）

对质量检查所发现的质量问题或质量不合格的情况进行原因分析，采取必要的措施予以纠正，保持工程质量形成过程的受控状态。

处置分为纠偏和预防改进两个方面。

①纠偏是采取有效措施，解决当前的质量偏差、问题或事故；

②预防改进是将当前的质量状况信息反馈到管理部门，反思问题所在或计划时的不周，确定改进目标和措施，防止再次出现类似质量问题。

6.3.2 建筑工程项目质量控制体系

6.3.2.1 项目质量的形成过程和影响因素分析

1. 建筑工程项目质量的基本特性

建筑工程项目质量的基本特性，见表 6-19。

表 6-19 建筑工程项目质量的基本特性

形式	内容
反映使用功能的质量特性	建筑工程项目的功能性质量主要表现为反映建筑工程使用功能需求的一系列特性指标，如房屋建筑的平面空间布局、通风采光性能等。按现代质量管理理念，功能性质量必须以顾客关注为焦点，满足顾客的需求或期望

续表

形式	内容
反映安全可靠的质量特性	建筑产品不仅要满足使用功能和用途的要求，而且在正常的使用条件下能达到安全可靠的标准，如建筑结构自身安全可靠、设备系统运行与使用安全等 可靠性质量必须在满足功能性质量需求的基础上，结合技术标准、规范（特别是强制性条文）的要求进行确定与实施
反映建筑环境的质量特性	作为项目管理对象（或管理单元）的建筑工程项目，可能是独立的单项工程或单位工程，也可能是一个由群体建筑或线型工程组成的建筑项目 建筑环境质量包括项目用地范围内的规划布局、交通组织、绿化景观、节能环保。除此之外，还应注意与周边环境的协调性或适宜性
反映文化艺术的质量特性	建筑产品具有深刻的社会文化背景，历来人们都把建筑产品视同艺术品。其个性的艺术效果，包括立面外观、建筑造型、时代表征、文化内涵等，不仅受到使用者的关注，也受到社会的关注 建筑工程项目艺术文化的质量特性来自设计者的设计理念、设计、创意和创新，以及施工者对设计意图的领会与精益施工

2. 建筑工程质量的形成过程

建筑工程项目质量的形成过程，贯穿于整个建筑项目的决策过程和各个子项目的设计与施工过程，体现在建筑工程项目质量的目标决策、目标细化到目标实现的系统过程。

建筑工程质量的形成过程见表6-20。

表6-20   建筑工程质量的形成过程

形式	内容
质量需求的识别过程	在建筑项目决策阶段，主要工作包括建筑项目发展策划、可行性研究、建筑方案论证和投资决策。 质量需求的识别过程的质量管理职能在于识别建筑意图和需求，对建筑项目的性质、规模、使用功能、系统构成和建筑标准要求等进行策划、分析、论证，为整个建筑工程项目的质量总目标以及项目内各个子项目的质量目标提出明确要求 建筑产品采取定式的承发包生产，因此其质量目标的决策是建设单位（业主）或项目法人的质量管理职能。建筑项目的前期工作，业主可以采用社会化、专业化的方式，委托咨询机构、设计单位或建筑工程总承包企业进行，但其并不能改变业主或项目法人的决策性质。业主的需求和法律法规的要求是决定建筑工程项目质量目标的主要依据
质量目标的定义过程	建筑工程项目质量目标的具体定义过程是在建筑工程的设计阶段。设计是一项高智力的创造性活动，建筑工程项目的设计任务因其产品对象的单件性，总体上符合目标设计与标准设计相结合的特征。总体规划设计与单体方案设计阶段等同于目标产品的开发设计；总体规划和方案设计经过可行性研究和技术经济论证后，进入工程的标准设计，并在整个过程中实现对建筑工程项目质量目标的明确定义 建筑工程项目设计的任务是按照业主的建筑意图、决策要点、相关法规和标准、规范的强制性条文要求，将建筑工程项目的质量目标具体化。通过建筑工程的方案设计、扩大初步设计、技术设计和施工图设计等环节，对建筑工程项目各细部的质量特性指标进行明确定义，即确定质量目标值，为建筑工程项目的施工安装作业活动及质量控制提供依据。同时，承包方也会为创品牌工程或根据业主的创优要求及具体情况确定工程项目的质量目标，进行精品工程的质量控制
质量目标的实现过程	建筑工程项目质量目标实现的最重要和最关键过程是施工，包括施工准备过程和施工作业技术活动过程，其任务是按照质量策划的要求，制定企业或工程项目内控标准，实施目标管理、过程监控、阶段考核、持续改进的方法，严格按照设计图纸进行施工；正确、合理分配施工生产要素，把特定的劳动对象转化为符合质量标准的建筑工程产品

3. 建筑工程项目质量的影响因素

建筑工程项目质量的影响因素，见表6-21。

表6-21 建筑工程项目质量的影响因素

影响因素	内容
人的因素	人的因素对建筑工程项目质量形成的影响取决于： ①直接履行建筑工程项目质量职能的决策者、管理者和作业者个人的质量意识及质量活动能力 ②承担建筑工程项目策划、决策或实施的建设单位、勘察设计单位、咨询服务机构、工程承包企业等实体组织的质量管理体系及其管理能力。前者是个体的人，后者是群体的人
技术因素	影响建筑工程项目质量的技术因素涉及的内容十分广泛，包括直接的工程技术和辅助的生产技术 建筑工程技术的先进性程度从总体上说取决于国家在一定时期的经济发展和科技水平，取决于建筑业及相关行业的技术进步。具体的建筑工程项目主要是通过技术工作的组织与管理，优化技术方案，发挥技术因素对建筑工程项目质量的保证作用
管理因素	影响建筑工程项目质量的管理因素主要是决策因素和组织因素。决策因素首先是业主方的建筑工程项目决策；其次是建筑工程项目实施过程中，实施主体的各项技术决策和管理决策 实践证明，没有经过资源论证、市场需求预测，盲目、重复建设，建成后不能投入生产或使用，所形成的建筑产品虽合格但无用途，是社会资源的极大浪费，不具备质量的适用性特征。同样，盲目追求高标准，缺乏对质量经济性的考虑，也会对工程质量的形成产生不利的影响 管理因素中的组织因素包括建筑工程项目实施的管理组织和任务组织。管理组织指建筑工程项目管理的组织架构、管理制度及其运行机制有机联系并构成了一定的组织管理模式，其各项管理职能的运行情况，直接影响建筑工程项目质量目标的实现；任务组织是指对建筑工程项目实施的任务及其目标进行分解、发包、委托以及对实施任务所进行的计划、指挥、协调、检查和监督等一系列工作过程。从建筑工程项目质量控制的角度看，建筑工程项目管理组织系统是否健全、实施任务的组织方式是否科学合理，对质量目标控制有重要的影响
社会因素	影响建筑工程项目质量的社会因素表现在有关建筑法律法规的健全程度及其执法的力度、建筑工程项目法人或业主的理性化程度以及建筑工程经营者的经营理念、建筑市场，包括建筑工程交易市场和建筑生产要素市场的发展程度及其交易行为的规范程度、政府的工程质量监督及行业管理成熟程度、建筑咨询服务业的发展程度及其服务水准的高低、廉政建筑及行风建筑的状况等
环境因素	一个建筑项目的决策、立项和实施，受到经济、政治、社会、技术等多方面因素的影响，是建筑项目可行性研究、风险识别与管理所必须考虑的环境因素 在建筑工程项目质量控制中，直接影响建筑工程项目质量的环境因素是建筑工程项目所在地点的水文、地质和气象等自然环境，施工现场的通风、照明、安全卫生防护设施等劳动作业环境，以及由多单位、多专业协同施工的管理关系、组织协调方式、质量控制系统等构成的管理环境。对这些环境条件的认识与把握，是保证建筑工程项目质量的重要工作环节

6.3.2.2 项目质量控制体系的建立和运行

1. 建筑工程项目质量控制体系的性质、特点和构成

（1）建筑工程项目质量控制体系的性质

①建筑工程项目质量控制体系是以工程项目为对象，由工程项目实施的总组织者负责建立的面向项目对象开展质量控制的工作体系。

②建筑工程项目质量控制体系是建筑工程项目管理组织的一个目标控制体系，与项目

投资控制、进度控制、职业健康安全与环境管理等目标控制体系，共同依托同一项目管理的组织机构。

③建筑工程项目质量控制体系是根据工程项目管理的实际需要建立的，也随着建筑工程项目的完成和项目管理组织的解体而消失。因此，建筑工程项目质量控制体系是一个一次性的质量控制工作体系，不同于企业的质量管理体系。

（2）建筑工程项目质量控制体系的特点

建筑工程项目质量控制系统是因项目对象而建立的质量控制工作体系，与建筑企业或其他组织机构按照 GB/T19000—2008 标准建立的质量管理体系相比，其有一些不同点，见表 6-22。

表 6-22　建筑工程项目质量控制系统与质量管理体系的不同点

影响因素	内容
建立的目的不同	建筑工程项目质量控制体系适用于特定的建筑工程项目质量控制，而不适用于建筑企业或组织的质量管理，其建立的目的不同
服务的范围不同	建筑工程项目质量控制体系涉及建筑工程项目实施过程所有的质量责任主体，而不只是某一个承包企业或组织机构，其服务的范围不同
控制的目标不同	建筑工程项目质量控制体系的控制目标是建筑工程项目的质量目标，而不是某一具体建筑单位或组织的质量管理目标，其控制的目标不同
作用的时效不同	建筑工程项目质量控制体系与建筑工程项目管理组织系统相融合，是一次性的质量工作体系，而不是永久性的质量管理体系，其作用的时效不同
评价的方式不同	建筑工程项目质量控制体系的有效性由建筑工程项目管理的总组织者进行自我评价与诊断，不需进行第三方认证，其评价的方式不同

（3）工程项目质量控制体系的结构

①多层次结构是对应建筑工程项目工程系统纵向垂直分解的单项、单位工程项目的质量控制体系。在大中型工程项目尤其是群体工程项目中，第一层次的质量控制体系应由建设单位的工程项目管理机构负责建立；在委托代建、委托项目管理或实行交钥匙式工程总承包的情况下，应由相应的代建方项目管理机构、受托项目管理机构或工程总承包企业项目管理机构负责建立。第二层次的质量控制体系，通常是指分别由建筑工程项目的设计总负责单位、施工总承包单位等建立的相应管理范围内的质量控制体系。第三层次及其以下是承担工程设计、施工安装、材料设备供应等各承包单位的现场质量自控体系，或称各自的施工质量保证体系。系统纵向层次机构的合理性是建筑工程项目质量目标、控制责任和措施分解落实的重要保证。

②多单元结构是指在建筑工程项目质量控制总体系下，第二层次的质量控制体系及其以下的质量自控或保证体系可能有多个。多单元结构是项目质量目标、责任和措施分解的必然结果。

2. 建筑工程项目质量控制体系的建立

（1）建筑工程项目质量控制体系建立的原则（见表6-23）

表6-23 建筑工程项目质量控制体系的建立的原则

原则	内容
分层次规划原则	建筑工程项目质量控制体系的分层次规划是指建筑工程项目管理的总组织者（建设单位或代建制项目管理企业）和承担项目实施任务的各参与单位，进行不同层次和范围的建筑工程项目质量控制体系规划
目标分解原则	建筑工程项目质量控制系统总目标的分解是根据控制系统内工程项目的分解结构，将工程项目的建筑标准和质量总体目标分解到各个责任主体，明示合同条件，由各责任主体制定相应的质量计划，确定具体的控制方式及措施
质量责任制原则	建筑工程项目质量控制体系的建立应按照有关建设工程质量责任的规定，界定各方的质量责任范围和控制要求
系统有效性原则	建筑工程项目质量控制体系应从实际出发，结合项目特点、合同结构和项目管理组织系统的组成情况，建立项目各参与方共同遵循的质量管理制度和控制措施，形成有效的运行机制

（2）建筑工程项目质量控制体系建立的程序

①确立系统质量控制网络。明确系统各层次的建筑工程质量控制负责人，包括承担项目实施任务的项目经理（或工程负责人）、总工程师，项目监理机构的总监理工程师、专业监理工程师等，以形成明确的项目质量控制责任者的关系网络架构。

②制定质量控制制度。包括质量控制例会制度、协调制度、报告审批制度、质量验收制度和质量信息管理制度等，以形成建筑工程项目质量控制体系的管理文件或手册，该手册作为承担建筑工程项目实施任务各方主体共同遵循的管理依据。

③分析质量控制界面。

a. 静态界面根据法律法规、合同条件、组织内部职能分工来确定；

b. 动态界面主要是指项目实施过程中设计单位间、施工单位间、设计与施工单位间的衔接配合关系及其责任的划分，应通过分析研究，确定管理原则与协调方式。

④编制质量控制计划。建筑工程项目管理总组织者负责主持编制建筑工程项目总质量计划，根据质量控制体系的要求，部署各质量责任主体，编制与其承担任务范围相符合的质量计划，并应按规定程序完成质量计划的审批，并将其作为实施自身工程质量控制的依据。

（3）建立质量控制体系的责任主体

根据建筑工程项目质量控制体系的性质、特点和结构，质量控制体系应由建设单位或工程项目总承包方的工程项目管理机构负责建立；在分阶段对勘察、设计、施工、安装等工程进行招标发包的情况下，质量控制体系应由建设单位或其委托的工程项目管理企业负责建立，并由各承包方根据项目质量控制体系的要求，建立隶属于总项目质量控制体系的设计项目、施工项目、采购供应项目等分质量保证体系（又称相应的质量控制子系统），以具体实施其质量责任范围内的质量管理和目标控制。

3. 建筑工程项目质量控制体系的运行

建筑工程项目质量控制体系的建立为建筑工程项目的质量控制提供了组织制度方面的

保证。建筑工程项目质量控制体系的运行是系统功能的发挥过程，也是质量活动职能和效果的控制过程。

质量控制体系能有效地运行，应依赖于其系统内部的运行环境和运行机制的完善。

（1）运行环境

建筑工程项目质量控制体系的运行环境配置的条件见表6-24。

表6-24　建筑工程项目质量控制体系的运行环境配置的条件

项目	内容
建筑工程的合同结构	建筑工程合同是联系建筑工程项目各参与方的桥梁，只有在建筑工程项目合同结构合理，质量标准和责任条款明确，并严格进行履约管理的条件下，质量控制体系的运行才能成为各参与方的自觉行动
质量管理的组织制度	建筑工程项目质量控制体系内部的各项管理制度和程序性文件的建立，为质量控制系统各个环节的运行，提供了必要的行动指南、行为准则和评价基准的依据，是系统有序运行的基本保证
质量管理的资源配置	质量管理的资源配置包括专职的工程技术人员和质量管理人员的配置，实施技术管理和质量管理所必需的设备、设施、器具、软件等物质资源的配置。人员和资源的合理配置是质量控制体系得以运行的基础条件

（2）运行机制

建筑工程项目质量控制体系的运行机制是一系列质量管理制度安排所形成的内在能力。运行机制是质量控制体系的生命，机制缺陷是造成系统运行无序、失效和失控的重要原因。运行机制的类型见表6-25。

表6-25　运行机制的类型

类型	内容
动力机制	动力机制是建筑工程项目质量控制体系运行的核心机制，其来源于公正、公开、公平的竞争机制和利益机制的制度设计或安排。因为建筑工程项目的实施过程是由多主体参与的价值增值链，只有保持合理的供方及分供方等各方关系，才能形成合力，是建筑工程项目成功的重要保证
约束机制	没有约束机制的控制体系是无法使工程质量处于受控状态的。约束机制取决于各主体内部的自我约束能力和外部的监控效力。约束能力表现为组织及个人的经营理念、质量意识、职业道德及技术能力的发挥；监控效力取决于建筑工程项目实施主体外部对质量工作的推动和检查监督，构成了质量控制过程的制约关系
反馈机制	运行状态和结果的信息反馈是对质量控制系统的能力和运行效果进行评价，并为及时做出处置提供决策依据。因此，应有相关的制度安排，保证质量信息反馈的及时和准确，坚持质量管理者深入生产第一线，掌握第一手资料，形成有效的质量信息反馈机制
持续改进机制	在建筑工程项目实施的各个阶段，不同的层面、范围及不同的主体之间应用PDCA循环原理，即用计划、实施、检查和处置不断循环的方式展开质量控制。同时，要注重抓好控制点的设置，加强重点控制和例外控制，并不断寻求改进机会、研究改进措施，保证建筑工程项目质量控制系统的不断完善和持续改进，不断提高质量控制能力和控制水平

6.3.2.3 施工企业质量管理体系的建立与认证

1. 质量管理八项原则

质量管理八项原则见表 6-26。

表 6-26 质量管理八项原则

项目	内容
以顾客为关注焦点	组织（从事一定范围生产经营活动的企业）依存于其顾客。组织应了解顾客当前的和未来的需求，满足顾客要求并争取超越顾客的期望
领导作用	领导者确立组织统一的宗旨和方向，并营造和保持使员工充分参与实现组织目标的内部环境。因此，领导在企业的质量管理中起着决定性的作用，只有领导重视，各项质量活动才能有效开展
全员参与	各级人员均是组织之本，只有全员参与，才能使其发挥才能，为组织带来收益 产品质量是产品形成过程中全体成员共同努力的结果，也包含着为其提供支持的管理、检查、行政人员的贡献。企业领导应对员工进行质量意识等各方面的教育，激发成员的积极性和责任感，为其能力、知识、经验的提高提供机会，发挥创造精神，鼓励持续改进，并给予一定的物质和精神奖励，使全员积极参与，为达到顾客满意的目标而努力
过程方法	将活动和相关的资源作为过程进行管理，可有效地得到所期望的结果。任何使用资源的生产活动和将输入转化为输出的一组相关联的活动都可视为过程
管理的系统方法	将相互关联的过程作为系统加以识别、理解和管理，有助于组织提高实现管理目标的有效性。不同的企业应根据自身的特点，建立资源管理、过程实现、测量分析改进等方面的关联关系，并加以控制。即采用过程网络的方法建立质量管理体系，实施系统管理。建立实施质量管理体系的工作内容一般包括：确定顾客期望、建立质量目标和方针、确定实现目标的过程和职责、确定必须提供的资源、规定测量过程有效性的方法、实施测量确定过程的有效性、确定防止不合格并清除产生原因的措施、建立和应用持续改进质量管理体系的过程等
持续改进	持续改进总体业绩是组织的一个永恒目标，其作用在于增强企业满足质量要求的能力，包括产品质量、过程及体系的有效性和效率的提高 持续改进是增强和满足质量要求能力的循环活动，是使企业的质量管理走上良性循环轨道的必经之路
基于事实的决策方法	有效的决策应建立在数据和信息分析的基础上，数据和信息分析是事实的高度提炼。以事实为依据做出决策，可防止决策失误。因此，企业领导应重视数据信息的收集、汇总和分析，以便为决策提供依据
与供方互利的关系	组织与供方是相互依存的，建立双方的互利关系可以增强双方创造价值的能力。供方提供的产品是企业提供产品的一个组成部分。处理好与供方的关系，涉及企业能否持续稳定提供顾客满意产品的重要问题。因此，对供方不能只讲控制、合作互利，关键的供方，要建立互利关系，因为这对企业与供方双方都有利

2. 企业质量管理体系文件构成

（1）质量方针和质量目标

质量方针和质量目标一般以简明的文字表述，是企业质量管理的方向目标，反映出用户及社会对工程质量的要求及企业相应的质量水平和服务承诺，也是企业质量经营理念的反映。

（2）质量手册

质量手册是规定企业组织建立质量管理体系的文件，质量手册对企业质量体系做系统、完整和概要的描述。包括企业的质量方针、质量目标；组织机构及质量职责；体系要素或基本控制程序；质量手册的评审、修改和控制的管理办法。质量手册作为企业质量管理系统的纲领性文件，应具备指令性、系统性、协调性、先进性、可行性和可检查性。

（3）程序性文件

各种生产、工作和管理的程序文件是质量手册的支持性文件，是企业各职能部门为落实质量手册要求而规定的细则，企业为落实质量管理工作而建立的各项管理标准、规章制度都属程序文件范畴，各企业程序文件的内容及详略可根据企业情况作相应调整。各类企业均应在程序文件中制定通用性管理程序，包括六个程序：

①文件控制程序；

②质量记录管理程序；

③内部审核程序；

④不合格品控制程序；

⑤纠正措施控制程序；

⑥预防措施控制程序。

除上述六个程序外，涉及产品质量形成过程各环节控制的程序文件，如生产过程、服务过程、管理过程、监督过程等管理程序文件，可根据企业质量控制的需要制定，不做统一的规定。

（4）质量记录

质量记录是对产品质量水平和质量体系中各项质量活动进行及结果的客观反映，对质量体系程序文件所规定的运行过程及控制测量检查的内容加以记录，可用其证明产品质量已达到合同要求及质量保证的程度；如在控制体系中出现偏差，则质量记录不仅应反映出偏差情况，且应反映出针对不足之处所采取的纠正措施及纠正效果。

质量记录应完整地反映质量活动实施、验证和评审的情况，并记载关键活动的过程参数，具有可追溯性的特点。质量记录应以规定的形式和程序进行，并应有实施、验证、审核等部门的签署意见。

3. 企业质量管理体系的建立和运行

（1）企业质量管理体系的建立

①企业质量管理体系的建立是在确定市场及顾客需求的前提下，按照质量管理八项原则制定企业的质量方针、质量目标、质量手册、程序文件及质量记录等体系文件，将质量目标分解并落实到相关层次、相关岗位的职能和职责中，形成企业质量管理体系的执行系统。

②企业质量管理体系的建立包含组织企业不同层次的员工培训，使管理体系的工作内容和执行要求为员工所了解，为形成全员参与的企业质量管理体系创造条件。

③企业质量管理体系的建立须识别并提供实现质量目标和持续改进所需的资源，包括人员、基础设施、环境、信息等。

（2）企业质量管理体系的运行

①企业质量管理体系的运行是在生产及服务的全过程中，按照质量管理体系文件制定的程序、标准、工作要求及目标分解的岗位职责进行。

②在企业质量管理体系运行的过程中，按各类体系文件的要求监视、测量和分析过程的有效性和效率，做好文件规定的质量记录，持续收集、记录并分析过程的数据和信息，全面反映制作产品的过程符合要求，并具有可追溯性。

③按文件规定的办法进行质量管理评审和考核。对过程运行的评审考核工作，应针对发现的主要问题，采取必要的改进措施，使其达到所策划的结果并实现对过程的持续改进。

④落实质量管理体系的内部审核程序，有组织、有计划地开展内部质量审核活动，其主要目的有：

a. 评价质量管理程序的执行情况及适用性；

b. 揭露过程中存在的问题，为质量改进提供依据；

c. 检查质量体系运行的信息；

d. 向外部审核单位提供体系有效的证据。

为确保系统内部审核的效果，企业领导应发挥其决策领导作用，制定审核政策和计划，组织内审人员队伍，落实内审条件，并对审核发现的问题采取纠正措施和提供人、财、物等方面的支持。

4. 企业质量管理体系的认证与监督

（1）企业质量管理体系认证的意义

质量认证制度是由公正的第三方认证机构对企业的产品及质量体系作出正确可靠的评价，从而使社会对企业的产品建立信心。第三方质量认证制度自20世纪80年代以来已得到世界各国的普遍重视，其对供方、需方、社会和国家的利益均具有重要意义。

①提高供方企业的质量信誉。

②促进企业完善质量体系。

③增强国际市场竞争力。

④减少社会重复检验和检查费用。

⑤有利于保护消费者的权益。

⑥有利于法规的实施。

（2）企业质量管理体系认证的程序

①申请和受理。具有法人资格，并已按GB/T19000—2008系统标准或其他国际公认的质量体系规范的规定建立文件化的质量管理体系，并在生产经营全过程贯彻执行的企业可提出申请。申请单位须按要求填写申请书，认证机构经审查符合要求后接受申请，如不符合要求则不接受申请，接受或不接受均予发出书面通知书。

②审核。认证机构派出审核组对申请方质量管理体系进行检查和评定，包括文件审查、现场审核，并提出审核报告。

③审批与注册发证。认证机构对审核组提出的审核报告进行全面审查，符合标准者批

准并予以注册，发认证证书（包括证书号、注册企业名称地址、认证和质量管理体系覆盖产品的范围、评价依据及质量保证模式标准及说明、发证机构、签发人和签发日期）。

（3）获准认证后的维持与监督管理。企业质量管理体系获准认证的有效期为 3 年。获准认证后，企业应通过经常性的内部审核，维持质量管理体系的有效性，并接受认证机构对企业质量管理体系实施监督管理

获准认证后的质量管理体系的维持与监督管理，见表6-27。

表6-27 维持与监督管理

项目	内容
企业通报	认证合格的企业质量管理体系在运行中出现较大变化时，应向认证机构通报。认证机构接到通报后，根据情况采取必要的监督检查措施
监督检查	认证机构对认证合格单位质量管理体系维持情况进行监督性现场检查，包括定期和不定期的监督检查。定期检查通常是一年一次，不定期检查应根据需要临时安排
认证注销	注销是企业的自愿行为。在企业质量管理体系发生变化或证书有效期届满未提出重新申请等情况下，认证持证者提出注销的，认证机构应予以注销，并收回该企业质量管理体系认证证书
认证暂停	认证暂停是认证机构对获准认证企业质量管理体系发生不符合认证要求情况时所采取的警告措施。认证暂停期间，企业不得用质量管理体系认证证书做宣传。企业在规定期间采取纠正措施满足规定条件后，认证机构撤销认证暂停；否则将撤销认证注册，并收回认证证书
认证撤销	当获准认证企业发生质量管理体系存在严重不符合规定，或在认证暂停的规定期限未进行整改，或发生其他构成撤销体系认证资格情况时，认证机构做出撤销认证的决定，企业不服可提出申诉。撤销认证的企业一年后可重新提出认证申请
复评	认证合格有效期满前，如企业愿继续延长，可向认证机构提出复评申请
重新换证	在认证证书有效期内，出现的体系认证标准变更、体系认证范围变更、体系认证证书持有者变更，应按规定重新换证

6.3.3 建筑工程项目施工质量控制

6.3.3.1 施工质量控制的目标、依据与基本环节

1. 施工阶段质量控制的目标

（1）建设单位的控制目标

建设单位在施工阶段，应通过对施工全过程、全面的质量监督管理，保证整个施工过程及其成果达到项目决策所规定的质量标准。

（2）设计单位的控制目标

设计单位在施工阶段，应通过对关键部位和重要分部分项工程的施工质量验收签证、设计变更控制及纠正施工中所发现的设计问题，采纳变更设计的合理化建议等，保证竣工项目的各项施工成果与设计文件（包括变更文件）所规定的质量标准一致。

（3）施工单位的控制目标

施工单位包括施工总承包和分包单位，作为建设工程产品的生产者，应根据施工合同的任务范围和质量要求，通过全过程、全面的施工质量自控，保证最终交付的建设工程产品，满足施工合同及时设计文件规定的质量标准（含建筑工程质量创优要求）。

（4）供货单位的控制目标

建筑材料、设备、构（配）件等供应单位，应根据采购供货合同约定的质量标准提供货物及其合格证明，包括检验试验单据、产品规格和使用说明书以及其他必要的数据和资料，并对其提供的产品质量负责。

（5）监理单位的控制目标

建筑工程监理单位在施工阶段应通过审核施工单位的施工质量文件、报告报表，采取现场旁站、巡视、平行检测等形式进行施工过程质量监理；并用施工指令和结算支付控制等手段，监督施工单位的质量活动行为，协调施工关系，正确履行对工程施工质量的监控责任，保证工程质量达到施工合同和设计文件所规定的质量标准。

施工质量的自控和监控是相辅相成的系统过程。自控主体的关键是质量意识和能力，其决定因素是施工质量；各监控主体进行的施工质量监控是对自控行为的推动和约束。因此，自控主体应正确处理自控和监控的关系，在致力于施工质量自控的同时，还应接受业主、监理等方面对其质量行为和结果所进行的监督管理，包括质量检查、评价和验收。

自控主体不能因为监控主体的存在和监控职能的实施而减轻或免除其质量责任。

2. 施工质量控制的依据

（1）共同性依据

共同性依据是指适用于施工阶段，并与质量管理有关的、通用的、具有普遍指导意义和必须遵守的基本条件，包括工程建设合同、设计文件、设计交底及图纸会审记录、设计修改和技术变更、国家及政府有关部门颁布的有关质量管理的法律和法规性文件。

（2）专门技术法规性依据

专门技术法规性依据是指针对不同行业、不同质量控制对象制定的专门技术法规文件，包括规范、规程、标准、规定等，如工程建筑项目质量检验评定标准。

3. 施工质量控制的基本环节

施工质量控制的基本环节，见表6-28。

表6-28 施工质量控制的基本环节

环节	内容
事前质量控制	事前质量控制即在正式施工前进行的事前主动质量控制，通过编制施工质量计划，明确质量目标，制定施工方案，设置质量管理点，落实质量管理责任，分析可能导致质量目标偏离的各种影响因素，并针对这些影响因素制定有效的预防措施
	事前质量控制应充分发挥组织的技术和管理方面的整体优势，把长期形成的先进技术、管理方法和经验智慧，创造性地应用于工程项目
	事前质量控制要求针对质量控制对象的控制目标、活动条件、影响因素等进行周密分析，找出薄弱环节，制定有效的控制措施和对策

续表

环节	内容
事中质量控制	事中质量控制是指在施工质量形成过程中，对影响施工质量的各种因素进行全面的动态控制。 事中质量控制也称作业活动过程质量控制，包括质量活动主体的自我控制和他人监控的控制方式。自我控制是第一位的，即作业者在作业过程对其质量活动行为的约束和技术能力的发挥，以完成符合预定质量目标的作业任务；他人监控是指作业者的质量活动过程和结果，接受来自企业内部管理者和企业外部有关方面的检查检验，如工程监理机构等的监控 事中质量控制的目标是确保施工工序质量合格，杜绝质量事故发生；控制的关键是坚持质量标准；控制的重点是工序质量、工作质量和质量控制点的控制
事后质量控制	事后质量控制也称为事后质量把关，保证不合格的工序或最终产品（包括单位工程或整个工程项目）不流入下道工序、不进入市场 事后质量控制包括对质量活动结果的评价、认定；对工序质量偏差的纠正；对不合格产品的整改和处理。事后质量控制的重点是发现施工质量方面的缺陷，并通过分析提出施工质量改进的措施，保证质量处于受控状态

6.3.3.2 施工质量计划的内容与编制方法

1. 施工质量计划的形式和内容

（1）施工质量计划的形式

施工质量计划有三种形式，即工程项目施工质量计划、工程项目施工组织设计（含施工质量计划）、施工项目管理实施规划（含施工质量计划）。

施工组织设计或施工项目管理实施规划能发挥施工质量计划的作用，是根据建筑生产的技术经济特点，每个工程项目都需要进行施工生产过程的组织与计划，包括施工质量、进度、成本、安全等目标的设定，实现目标的计划和控制措施的安排等。因此，施工质量计划要求的内容应被包括在施工组织设计或项目管理实施规划中，且能充分体现施工项目管理目标（质量、工期、成本、安全）的关联性、制约性和整体性，与全面质量管理的思想方法一致。

（2）施工质量计划的基本内容

施工质量计划的基本内容，包括：

①工程特点及施工条件（合同条件、法规条件和现场条件等）分析；

②质量管理组织机构和职责，人员及资源配置计划；

③质量总目标及其分解目标；

④确定施工工艺与操作方法的技术方案和施工组织方案；

⑤施工材料、设备等物资的质量管理及控制措施；

⑥施工质量控制点及其跟踪控制的方式与要求；

⑦施工质量检验、检测、试验工作的计划安排及其实施方法与接收准则；

⑧质量记录的要求等。

2. 施工质量计划的编制与审批

（1）施工质量计划的编制主体

施工质量计划应由自控主体即施工承包企业进行编制。在平行发包模式下，各承包单位应分别编制施工质量计划；在总分包模式下，施工总承包单位应编制总承包工程范围的施工质量计划，各分包单位编制相应分包范围的施工质量计划，这些计划应作为施工总承包方质量计划的深化和组成部分。

施工总承包单位有责任对各分包单位施工质量计划的编制进行指导和审核，并承担相应施工质量的连带责任。

（2）施工质量计划涵盖的范围

施工质量计划涵盖的范围，应按整个工程项目质量控制的要求，与建筑安装工程施工任务的实施范围一致，保证整个项目建筑安装工程的施工质量总体受控；具体施工任务承包单位、施工质量计划涵盖的范围应满足其履行工程承包合同质量责任的要求。

建筑工程项目的施工质量计划应在施工程序、控制组织、控制措施、控制方式等方面形成一个有机的质量计划系统，保证实现项目质量总目标和各分解目标的控制能力。

（3）施工质量计划的审批

①企业内部的审批

施工单位的项目施工质量计划或施工组织设计的编制与内部审批，应根据企业质量管理程序性文件规定的权限和流程进行。

施工单位的项目施工质量计划或施工组织设计文件由项目经理部主持编制，并报送企业组织管理层审批；文件的内部审批过程是施工企业自主技术决策和管理决策的过程，也是发挥企业职能部门与施工项目管理团队的智慧和经验的过程。

②监理工程师的审查

实施工程监理的施工项目，按照有关规范的规定，施工承包单位必须填写《施工组织设计（方案）报审表》，并附施工组织设计（方案），报送项目监理机构审查；项目监理机构在工程开工前，总监理工程师应组织专业监理工程师审查承包单位报送的施工组织设计（方案）报审表，并提出意见，经总监理工程师审核、签字后报建设单位。

③审批关系的处理原则

在执行审批程序时，应正确处理施工企业内部审批和总监理工程师审核的关系，其处理的基本原则有：

a. 充分发挥质量自控主体和监控主体的共同作用，在坚持项目质量标准和质量控制能力的前提下，正确处理承包单位利益和项目利益的关系；施工企业内部的审批，应从履行工程承包合同的角度审查合同质量目标的合理性和可行性，以项目质量计划向发包方提供可信任的依据。

b. 在施工质量计划审批过程中，总监理工程师审查所提出的建议、希望、要求等是否被采纳及被采纳的程度应由负责质量计划编制的施工单位自主决定。在满足合同和相关法规要求的前提下，确定质量计划的调整、修改和优化，并对相应的执行结果承担一定的责任。

c. 用规定程序审查批准的施工质量计划，在实施过程中如因条件变化需要对某些重要决定进行修改时，其修改内容应按照相应程序经过审批后执行。

3. 施工质量控制点的设置与管理

（1）质量控制点的设置

①对工程质量形成过程产生直接影响的关键部位、工序、环节及隐蔽工程。

②对下道工序有较大影响的上道工序。

③施工质量无把握的、施工条件困难的或技术难度大的工序或环节。

④采用新技术、新工艺、新材料的部位或环节。

⑤施工过程中的薄弱环节，或者质量不稳定的工序、部位或对象。

⑥用户反馈指出的和有过返工的不良工序。

建筑工程质量控制点的设置，见表6-29。

表6-29　质量控制点的设置

分项工程	质量控制点
工程测量定位	标准轴线桩、水平桩、龙门板、定位轴线、标高
地基、基础 （含设备基础）	基坑（槽）尺寸、标高、土质、地基承载力，基础垫层标高，基础位置、尺寸、标高，预埋件、预留洞孔的位置、标高、规格、数量，基础杯口弹线
砌体	砌体轴线，皮数杆，砂浆配合比，预留洞孔、预埋件的位置、数量，砌块排列
模板	位置、标高、尺寸，预留洞孔位置、尺寸，预埋件的位置，模板的承载力、刚度和稳定性，模板内部清理及湿润情况
钢筋混凝土	水泥品种、强度等级，砂石质量，混凝土配合比，外加剂比例，混凝土振捣，钢筋品种、规格、尺寸、搭接长度，钢筋焊接、机械连接，预留洞孔及预埋件规格、位置、尺寸、数量，预制构件吊装或出厂（脱模）强度，吊装位置、标高、支承长度、焊缝长度
吊装	吊装设备的起重能力、吊具、索具、地锚
钢结构	翻样图、放大样
焊接	焊接条件、焊接工艺
装修	视具体情况而定

（2）质量控制点的重点控制对象

质量控制点的重点控制对象见表6-30。

表6-30　质量控制点的重点控制对象

项目	内容
人的行为	某些操作或工序应以人为重点控制对象，如高空、高温、水下、易燃、易爆、重型构件吊装作业以及操作要求高的工序和技术难度大的工序等，均应从人的生理、心理、技术能力等方面进行控制
材料的质量与性能	材料的质量与性能是直接影响工程质量的重要因素，在某些工程中应作为控制的重点。如钢结构工程中使用的高强度螺栓、某些特殊焊接以及使用的焊条，均应重点控制材质与性能
施工技术参数	如混凝土外加剂的掺量及水灰比以及砌体的砂浆饱满度、回填土的含水量、防水混凝土的抗渗等级、建筑物沉降与基坑边坡稳定监测数据等技术参数都是应重点控制的质量参数与指标
施工方法与关键操作	某些直接影响工程质量的关键操作应作为控制的重点；对工程质量容易产生重大影响的施工方法也应列为控制的重点

续表

项目	内容
技术间歇	有些工序间必须留有必要的技术间歇时间，如混凝土浇筑与模板拆除之间，应保证混凝土有一定的硬化时间，达到规定的拆模强度后方可拆除
施工顺序	某些工序必须严格控制先后的施工顺序
易发生或常见的质量通病	混凝土工程的蜂窝、麻面、空洞、墙、地面、屋面工程渗水、漏水、空鼓、起砂、裂缝等，均与工序操作有关，应事先研究对策，采取预防措施
新技术、新材料及新工艺的应用	由于缺乏经验，施工时应将新技术、新材料及新工艺的应用作为重点进行控制
特殊地基或特种结构	对湿陷性黄土、膨胀土、红黏土等特殊土地基的处理，以及大跨度结构、高耸结构等技术难度较大的施工环节和重要部位应特别的重视

（3）质量控制点的管理

①做好施工质量控制点的事前质量预控工作，包括明确质量控制的目标与控制参数、编制作业指导书和质量控制措施、确定质量检查检验方式及抽样的数量与方法、明确检查结果的判断标准及质量记录与信息反馈要求等。

②向施工作业班组进行认真交底，使每个控制点上的作业人员明白施工作业规程及质量检验评定标准，掌握施工操作要领；在施工过程中，相关技术管理和质量控制人员应在现场进行重点指导和检查验收。

③做好施工质量控制点的动态设置和动态跟踪管理。动态设置是指在工程开工前、设计交底和图纸会审时，确定项目的质量控制点，随着工程的开展、施工条件的变化，定期或不定期进行控制点的调整和更新；动态跟踪是应用动态控制原理，使专人负责跟踪和记录控制点质量控制的状态和效果，并及时向项目管理组织的高层管理者反馈质量控制信息，保持施工质量控制点的受控状态。

④对危险性较大的分部分项工程或特殊施工过程，除应按一般过程质量控制的规定执行外，还应由专业技术人员编制专项施工方案或作业指导书，报项目技术负责人审批及监理工程师签字后执行。超过一定规模、危险性较大的分部分项工程，还应组织专家对专项方案进行论证。作业前应对施工人员、技术人员做好技术交底和记录，使操作人员在明确工艺标准、质量要求的基础上进行作业。为保证质量控制点的目标实现，应按照三级检查制度进行检查控制。在施工中发现质量控制点有异常时，应立即停止施工，通过召开分析会查找原因并采取相应对策予以解决。

⑤施工单位应积极主动地支持、配合监理工程师的工作，应根据现场工程监理机构的要求，施工作业质量控制点按照不同的性质和管理要求分为见证点和待检点，进行施工质量的监督和检查。凡属见证点的施工作业，如重要部位、特种作业、专门工艺等，施工方必须在项目作业开始前24小时书面通知项目监理机构，见证施工作业过程；凡属待检点的施工作业，如隐蔽工程等，施工方应在完成施工质量自检的基础上，提前24小时通知项目监理机构进行检查验收，如此才能进行工程隐蔽或下道工序的施工。未经过项目监理机构检查验收，不得进行工程隐蔽或下道工序的施工。

6.3.3.3 施工生产要素的质量控制

1. 施工人员的质量控制

施工人员的质量包括参与工程施工各类人员的施工技能、文化素养、生理体能、心理行为等方面的个体素质及经过合理组织和激励发挥个体潜能综合形成的群体素质。因此，企业应择优录用、加强思想教育及技能方面的教育培训，合理组织、严格考核，并辅以必要的激励机制，使企业员工的潜在能力得到充分的发挥和组合，使施工人员在质量控制系统中发挥其主体自控作用。

施工企业必须坚持执业资格注册制度和作业人员持证上岗制度；对选派的施工项目领导者、组织者进行教育和培训，使其质量意识和组织管理能力满足施工质量控制的要求；对所属施工队伍进行全员培训，加强质量意识的教育和技术训练，提高作业人员的质量活动能力和自控能力；对分包单位进行资质考核和施工人员的资格考核，其资质、资格必须符合相关法规的规定，并与其分包的工程相适应。

2. 材料设备的质量控制

原材料、半成品及工程设备是工程实体的构成部分，其质量是工程项目实体质量的基础。加强原材料、半成品及工程设备的质量控制，不仅是提高工程质量的必要条件，也是实现工程项目投资目标和进度目标的前提。

对原材料、半成品及工程设备进行质量控制的主要内容为：控制材料设备的性能、标准、技术参数与设计文件的相符性；控制材料、设备各项技术性能指标、检验测试指标与标准规范要求的相符性；控制材料、设备进场验收程序的正确性及质量文件资料的完备性；控制优先采用节能低碳的新型建筑材料和设备，禁止使用国家明令禁止使用或淘汰的建筑材料和设备等。

施工单位应在施工过程中贯彻执行企业质量程序文件中关于材料和设备封样、采购、进场检验、抽样检测及质保资料提交等方面明确规定的一系列控制标准。

3. 工艺方案的质量控制

施工工艺方案是直接影响工程质量、工程进度及工程造价的关键因素，并直接影响到工程施工安全。因此，在工程项目质量控制系统中，制定和采用技术先进、经济合理、安全可靠的施工技术工艺方案，是工程质量控制的重要环节。

施工工艺方案的质量控制，包括：

（1）深入、正确地分析工程特征、技术关键及环境条件等资料，明确质量目标、验收标准、控制的重点和难点。

（2）制定合理有效的、有针对性的施工技术方案和组织方案。施工技术方案包括施工工艺、施工方法；组织方案包括施工区段划分、施工流向及劳动组织等。

（3）合理选用施工机械设备和施工临时设施，合理布置施工总平面图和各阶段施工平面图。

（4）选用和设计保证质量和安全的模板、脚手架等施工设备。

（5）编制工程所采用的新材料、新技术、新工艺的专项技术方案和质量管理方案。

（6）针对工程的具体情况，分析气象、地质等环境因素对施工的影响，制定相应的措施。

4. 施工机械的质量控制

施工机械是指施工过程中使用的各类机械设备，包括起重运输设备、人货两用电梯、测量仪器、操作工具、加工机械、计量器具以及专用工具和施工安全设施等。施工机械设备是所有施工方案和工序得以实施的物质基础，因此合理选择和正确使用施工机械设备是保证施工质量的重要措施。

（1）施工机械设备应根据建设工程需要从设备选型、主要性能参数及使用操作要求等方面加以控制，符合安全、适用、经济、可靠和节能、环保等方面的要求。

（2）施工中使用的模具、脚手架等施工设备，除应按适用的标准定型选用外，还应按照设计及施工要求进行专项设计，对其设计方案及制作质量的控制及验收作为重点进行控制。

（3）按照现行施工管理制度的要求，工程所用的施工机械、模板、脚手架，特别是危险性较大的现场安装的起重机械设备，应对其设计安装方案进行审批，且安装完毕、交付使用前必须经专业管理部门的验收合格。同时，在使用过程中还应落实相应的管理制度，以确保其安全地正常使用。

5. 施工环境因素的控制

施工环境因素包括施工现场自然环境因素、施工质量管理环境因素和施工作业环境因素。环境因素对工程质量的影响具有复杂多变和不确定性的特点。施工环境因素的控制见表 6-31。

表 6-31　施工环境因素的控制

项目	内容
对施工现场自然环境因素的控制	对地质、水文等方面影响因素，应根据设计要求分析工程岩土地质资料，预测不利因素，并会同设计等方面制定相应的措施 对气象、天气方面的影响因素，应在施工方案中制定专项应急预案，确定在不利条件下的施工措施，落实人员、设备等方面的准备，控制其对施工质量的不利影响
对施工质量管理环境因素的控制	施工质量管理环境因素主要是指施工单位质量保证体系、质量管理制度和各参与施工单位之间的协调等因素，应根据工程承发包的合同结构，理顺管理关系，建立统一的现场施工组织系统和质量管理的综合运行机制，确保质量保证体系处于良好的状态，创造良好的质量管理环境和氛围，确保施工的顺利进行，保证施工质量
对施工作业环境因素的控制	施工作业环境因素主要是指施工现场的给水排水条件，各种能源介质供应、施工照明、通风、安全防护设施，施工场地空间条件和通道，以及交通运输和道路条件等因素，应认真实施经过审批的施工组织设计和施工方案，落实保证措施，执行相关管理制度和施工纪律，保证施工环境条件良好，使施工顺利进行以及施工质量得到保证

6.3.3.4　施工准备工作的质量控制

1. 施工技术准备工作的质量控制

施工技术准备工作是指在正式开展施工作业活动前进行的技术准备工作。施工技术准备工作内容繁多，主要在室内进行，如熟悉施工图纸，组织设计交底和图纸审查等。若施工技术准备工作有错误，则会影响到施工进度和作业质量，还有可能导致质量事故的发生。

施工技术准备工作的质量控制包括对施工技术准备工作成果的复核审查，检查其施工技术准备工作的成果是否符合设计图纸和相关技术规范、规程的要求；根据经审批的质量计划审查，完善施工质量控制措施；针对质量控制点，明确质量控制的重点对象和控制方法等。

2. 现场施工准备工作的质量控制

现场施工准备工作的质量控制见表6-32。

表6-32　现场施工准备工作的质量控制

项目	内容
计量控制	计量控制是施工质量控制一项重要的基础工作。施工过程中的计量包括施工生产时的投料计量、施工测量、监测计量以及对项目、产品或过程的测试、检验、分析计量等 工程开工前，应建立和完善施工现场计量管理的规章制度；明确计量控制责任者和配置必要的计量人员；严格按规定对计量器具进行维修和校验；统一计量单位，组织量值传递，保证量值统一，保证施工过程中计量的准确
测量控制	工程测量是建筑工程产品由设计转化为实物的第一步。施工测量质量的好坏决定工程的定位和标高是否正确，并制约施工过程有关工序的质量。因此，施工单位应在工程开工前编制测量控制方案，经项目技术负责人批准后进行实施。对建筑单位提供的原始坐标点、基准线和水准点等测量控制点进行复核，并将复测结果上报监理工程师审核，经批准后施工单位方可建立施工测量控制网，进行工程定位和标高基准的控制
施工平面图控制	建设单位应按照合同约定充分考虑施工的实际需要，划定、提供施工用地和现场临时设施用地的范围，平衡协调和审查批准各施工单位的施工平面设计 施工单位应严格按照批准的施工平面布置图，科学、合理地使用施工场地、设置施工机械设备和其他临时设施，维护现场施工道路畅通无阻和通信设施完好，合理控制材料的进场与堆放，保持良好的防洪排水能力，保证充足的给水和供电。建设（监理）单位应会同施工单位制定施工场地管理制度、施工纪律和相应的奖惩措施，严禁乱占场地和擅自断水、断电、断路，及时制止和处理各种违纪行为，并做好施工现场的质量检查记录

3. 工程质量检查验收的项目划分

（1）单位（子单位）工程的划分原则：

①具有独立施工条件并能形成独立使用功能的建（构）筑物为一个单位工程；

②建筑规模较大的单位工程，可将其能形成独立使用功能的部分划为若干个子单位工程。

（2）分部（子分部）工程的划分原则：

①分部工程的划分应按专业性质、建筑部位确定；

②当分部工程较大或较复杂时，可按材料种类、施工特点、施工程序、专业系统及类别等划分为若干子分部工程。

（3）分项工程应按主要工种、材料、施工工艺、设备类别等进行划分。

（4）分项工程可由一个或若干个检验批组成，检验批可根据施工及质量控制和专业验收要求，按楼层、施工段、变形缝等进行划分。

（5）室外工程可根据专业类别和工程规模划分单位（子单位）工程，室外单位工程可划分为室外建筑环境工程和室外安装工程。

6.3.3.5　施工过程的作业质量控制

1. 工序施工质量控制

（1）工序施工条件控制

工序施工条件是指从事工序活动的各生产要素质量及生产环境条件。工序施工条件控制就是控制工序活动的各种投入要素质量和环境条件质量。

工序控制的手段主要有检查、测试、试验、跟踪监督等。控制的依据主要是设计质量标准、机械设备技术性能标准、材料质量标准、施工工艺标准以及操作规程等。

（2）工序施工效果控制

工序施工效果主要反映了工序产品的质量特征和特性指标。工序施工效果的控制是控制工序产品的质量特征和特性指标能否达到设计质量标准以及施工质量验收标准。

工序施工效果控制属于事后质量控制，其控制的主要手段有实测获取数据、统计分析所获取的数据、判断认定质量等级和纠正质量偏差。

2. 施工作业质量的自控

（1）施工作业质量自控的意义

在企业经营的层面上，施工作业质量的自控强调的是作为建筑产品生产者和经营者的施工企业，应全面履行企业的质量责任，向顾客提供质量合格的工程产品；在生产的过程中，强调施工作业者的岗位质量责任，应向下道工序提供合格的作业成果（中间产品）；同理，供货方应按照供货合同约定的质量标准和要求，对施工材料物资的供应过程实施产品质量自控。因此，施工承包方和供应方在施工阶段是质量自控主体，但不能因为自控主体的存在和监控责任的实施而减轻或免除其质量责任。

施工方作为工程施工质量的自控主体，既应遵循企业质量管理体系的要求，也应根据其所承建的工程项目质量控制系统中的地位和责任，通过具体项目质量计划的编制与实施，有效地实现施工质量的自控目标。

（2）施工作业质量自控的程序

①施工作业技术的交底。技术交底是施工组织设计和施工方案的具体化，施工作业技术交底的内容应具有可行性和可操作性。建筑工程项目的施工组织设计到分部分项工程的作业计划，在项目实施前应逐级进行技术交底，其目的是使管理者的计划和决策意图被作业人员理解。施工作业交底是最基层的技术和管理交底活动，施工总承包方和工程监理机构应对施工作业交底进行监督。

②施工作业活动的实施。施工作业活动由一系列工序组成，为保证工序质量的控制，应对作业条件进行确认，按照作业计划检查作业准备状态是否落实到位，包括对施工工序

和作业工艺顺序的检查确认，在此基础上，按作业计划的程序、步骤和质量要求展开工序作业活动。

③施工作业质量的检验。施工作业的质量检查是贯穿施工全过程的最基本的质量控制活动，包括施工单位内部的工序作业质量自检、互检、专检和交接检查等。

施工作业质量检查是施工质量验收的基础，已完检验批及分部分项工程的施工质量应在施工单位完成质量自检并确认合格之后报请现场监理机构进行检查验收。

（3）施工作业质量自控的要求

施工作业质量自控的要求见表6-33。

表6-33　施工作业质量自控的要求

项目	内容
预防为主	按照施工质量计划的要求，进行各分部分项施工作业的部署。同时，根据施工作业的内容、范围和特点，制定施工作业计划，明确作业质量目标和作业技术要领，进行作业技术交底，落实各项作业技术组织措施
坚持标准	工序作业人员在工序作业过程中应进行质量自检，通过自检不断改善作业，并创造条件开展作业质量互检，通过互检加强技术与经验的交流。对已完的工序作业产品，即检验批或分部分项工程，应坚持质量标准。对不合格的施工作业质量，不得进行验收签证，并按规定的程序进行处理
记录完整	施工图纸、质量计划、作业指导书、材料质保书、检验试验及检测报告、质量验收记录等是形成可追溯性的质量保证依据，也是工程竣工验收不可缺少的质量控制资料。因此，对工序作业质量应有计划、有步骤地按施工管理规范的要求进行填写记录，做到及时、准确、完整、有效，并具有可追溯性

（4）施工作业质量自控的有效制度

根据实践经验的总结，施工作业质量自控的有效制度有：质量自检制度、质量例会制度、质量会诊制度、质量挂牌制度、质量样板制度、每月质量讲评制度等。

3. 施工作业质量的监控

（1）施工作业质量的监控主体

项目监理机构作为监控主体之一，在施工作业实施过程中，根据其监理规划与实施细则，采取现场旁站、巡视、平行检验等形式，对施工作业质量进行监督检查，如发现工程施工不符合工程设计要求、施工技术标准和合同约定的，有权要求建筑施工企业改正。监理机构应进行检查而没有检查或没有按规定进行检查，给建设单位造成损失时应承担相应的赔偿责任。

（2）现场质量检查

①现场质量检查的内容见表6-34。

表6-34 现场质量检查的内容

项目	内容
开工前的检查	检查是否具备开工条件，开工后能否保持连续正常施工，能否保证工程质量
工序交接检查	重要的工序或对工程质量有重大影响的工序，应严格执行自检、互检、专检制度，未经监理工程师（或建设单位技术负责人）检查认可，不得进行下道工序施工
隐蔽工程的检查	施工中的隐蔽工程，必须经检查认证后方可进行隐蔽掩盖
停工后复工的检查	因客观因素停工或因处理质量事故等停工时，应经检查认可后方能复工
分项、分部工程完工后的检查	应经检查认可，并签署验收记录后，才能进行下一工程项目的施工
成品保护的检查	检查成品有无保护措施以及保护措施是否有效可靠

②现场质量检查的方法，见表6-35。

表6-35 现场质量检查的方法

方法	内容
目测法（感官检验）	（1）看——根据质量标准要求进行外观检查，如清水墙面是否洁净，喷涂的密实度和颜色是否良好、均匀等 （2）摸——通过触摸手感进行检查、鉴别，如油漆的光滑度等 （3）敲——运用敲击工具进行音感检查，如对装饰工程中的面砖、石材饰面等进行敲击检查 （4）照——通过人工光源或反射光照射，检查难以看到或光线较暗的部位，如电梯井内的管线、装饰吊顶内连接及设备安装质量等
实测法	（1）靠——用直尺、塞尺检查，如墙面、地面、路面等的平整度 （2）量——用测量工具和计量仪表等检查断面尺寸、轴线、标高、湿度、温度等的偏差，如大理石板拼缝尺寸、混凝土坍落度、摊铺沥青拌和料的温度的检测等 （3）吊——利用托线板以及线坠吊线检查垂直度，如砌体垂直度检查等 （4）套——是以方尺套方，辅以塞尺检查，如阴阳角的方正、预制构件的方正、门窗口及构件的对角线检查等
试验法	（1）理化试验。工程中常用的理化试验，包括物理力学性能方面的检验和化学成分及化学性能的测定两个方面。物理力学性能的检验包括各种力学指标的测定，如抗压强度、抗拉强度、抗折强度、抗弯强度、冲击韧性等；以及各种物理性能方面的测定，如密度、含水量、凝结时间、安定性及抗渗、耐磨、耐热性能等；化学成分及化学性质的测定，如混凝土中粗骨料中的活性氧化硅成分以及耐酸、耐碱、抗腐蚀性等。此外，有时根据规定还需进行现场试验，如下水管道的通水试验、压力管道的耐压试验等 （2）无损检测。利用专门的仪器仪表从表面探测结构物、材料、设备的内部组织结构或损伤情况。无损检测方法有超声波探伤、X射线探伤、γ射线探伤等

（3）技术核定与见证取样送检

①技术核定。在建筑工程项目施工过程中，因施工方对施工图纸的某些要求不理解，

或图纸内部存在矛盾，或工程材料调整与代用，改变建筑节点构造、管线位置或走向等，需要通过设计单位明确或确认的，施工方必须以技术核定单的方式向监理工程师提出，报送设计单位核准确认。

②见证取样送检。为保证建筑工程质量，应对工程所使用的主要材料、半成品、构（配）件以及施工过程留置的试块、试件等实行现场见证取样送检。见证人员由建设单位及工程监理机构中具有相关专业知识的人员担任，送检的试验室应具有经国家或地方工程检验检测主管部门核准的相关资质，见证取样送检必须按执行规定的程序进行。

4. 隐蔽工程验收与成品质量保护

（1）隐蔽工程验收

被后续施工所覆盖的施工，如地基基础工程、钢筋工程等均属隐蔽工程。加强隐蔽工程质量验收是施工质量控制的重要环节。其要求施工方应在完成自检并合格后，填写专用的《隐蔽工程验收单》，验收单所列的验收内容应与已完的隐蔽工程实物相一致，并通知监理机构及有关方面按约定时间进行验收。验收合格的隐蔽工程，应由各方共同签署验收记录；验收不合格的隐蔽工程，应按验收整改意见进行整改，然后重新验收。严格执行隐蔽工程验收的程序和记录，对消除工程质量隐患，为提供可追溯性质量记录具有重要作用。

（2）施工成品质量保护

建筑工程项目已完施工的成品保护是避免已完施工成品受到后续施工以及其他方面的污染或损坏。已完施工的成品保护问题和相应措施，在工程施工组织设计与计划阶段应从施工顺序上进行考虑，防止因施工顺序不当或交叉作业造成相互干扰、污染和损坏；施工成品形成后可采取相应的措施进行保护。

6.3.3.6 施工质量与设计质量的协调

1. 项目设计质量的控制

（1）项目功能性质量控制

项目功能性质量控制的目的是保证建设工程项目使用功能的符合性，包括项目内部的平面空间组织、生产工艺流程组织。

（2）项目可靠性质量控制

项目可靠性质量控制是指建筑工程项目建成后，在规定的使用年限和正常的使用条件下，保证使用安全和建（构）筑物及其设备系统性能的稳定、可靠。

（3）项目观感性质量控制

建筑工程项目是指建筑物的总体格调、外部形体及内部空间观感效果、整体环境的适宜性与协调性等的体现；道路、桥梁等基础设施工程也有其独特的构型格调、观感效果及其与环境适宜的要求。

（4）项目经济性质量控制

建筑工程项目设计经济性质量是指不同设计方案的选择对建设投资的影响。设计经济性质量控制目的是强调设计过程的多方案比较，通过价值工程、优化设计，不断提高建筑工程项目的性价比。在满足项目投资目标要求的条件下，做到物有所值，防止浪费。

（5）项目施工可行性质量控制

任何设计意图都要通过施工实现，设计意图不能脱离现实的施工技术和装备水平。设计方案应充分考虑施工的可行性，做到方便施工，如此，保证项目施工的质量。

2. 施工与设计的协调

（1）设计联络

项目建设单位、施工单位和监理单位，应组织施工单位到设计单位进行设计联络，其任务主要有：

①了解设计意图、设计内容和特殊技术要求，分析其中的施工重点和难点，以便有针对性地编制施工组织设计，做好施工准备；对现有的施工技术和装备水平实施有困难的设计方案应及时提出意见，协商修改设计，或探讨通过技术攻关提高技术装备水平实施的可能性；同时，向设计单位介绍和推荐先进的施工技术、工艺和工法，通过适当的设计，使新技术、新工艺和工法在施工中得以应用。

②了解设计进度，根据项目进度控制总目标、施工工艺顺序和施工进度安排，提出设计出图的时间和顺序要求，对设计和施工进度进行协调，使施工得以连续顺利进行。

③从施工质量控制的角度，提出合理化建议、优化设计，为保证和提高施工质量创造更好的条件。

（2）设计交底和图纸会审

建设单位和监理单位应组织设计单位向所有的施工实施单位进行详细的设计交底，使实施单位充分理解设计意图，了解设计内容和技术要求，明确质量控制的重点和难点；同时进行图纸会审，深入发现和解决各专业设计间可能存在的矛盾，以消除施工图的差错。

（3）设计现场服务和技术核定

建设单位和监理单位应要求设计单位派出设计人员到施工现场进行设计服务，解决施工中发现和提出的与设计有关的问题，做好相关设计核定工作。

（4）设计变更

施工期间若建设单位、设计单位或施工单位提出需要进行局部设计变更的内容，均应按照规定的程序，将变更意图或请求报送监理工程师审查，经设计单位审核认可并签发设计变更通知书后，由监理工程师下达变更指令。

6.3.4　建筑工程项目质量验收

6.3.4.1　施工过程质量验收

1. 施工过程质量验收的内容

（1）检验批质量验收。

（2）分项工程质量验收。

（3）分部工程质量验收。

2. 施工过程质量验收不合格的处理

（1）在检验批验收时，发现存在严重缺陷的应返工重做，一般的缺陷可返修或更换器具，设备消除缺陷后重新进行验收。

（2）个别检验批发现某些项目或指标（如试块强度等）不满足要求且难以确定是否验收合格时，应请具有相应资质的法定检测单位检测鉴定；当鉴定结果达到设计要求时，应予以验收。

（3）当检测鉴定结果达不到设计要求，但经原设计单位核算可满足结构安全和使用功能的检验批，可予以验收。

（4）严重质量缺陷或超过检验批范围内的缺陷，经法定检测单位检测鉴定后，不能满足最低限度的安全储备和使用功能，则必须进行加固处理；虽然改变外形尺寸，但能满足安全使用要求，可按照技术处理方案和协商文件进行验收，责任方应承担相应的经济责任。

（5）通过返修或加固处理后，仍不能满足安全使用要求的分部工程不得验收。

6.3.4.2　竣工质量验收

1. 竣工质量验收的依据

（1）国家相关法律法规和建筑主管部门颁布的管理条例和办法。

（2）工程施工质量验收统一标准。

（3）专业工程施工质量验收规范。

（4）经批准的设计文件、施工图纸及说明书。

（5）工程施工承包合同。

（6）其他相关文件。

2. 竣工质量验收的要求

（1）检验批的质量应按主控项目和一般项目验收。

（2）工程质量的验收，应在施工单位自检合格的基础上进行。

（3）隐蔽工程在隐蔽施工前，应由施工单位通知监理工程师或建设单位专业技术负责人进行验收，并形成验收文件，经验收合格后方可继续施工。

（4）参加工程施工质量验收的人员应具备规定的资格，单位工程的验收人员应具备工程建设相关专业的中级以上技术职称，且具有从事工程建设相关专业 5 年以上的工作经历，参加单位工程验收的签字人员应为各方的项目负责人。

（5）涉及结构安全的试块、试件以及有关材料，应按规定进行见证取样检测；对涉及结构安全、使用功能、节能、环境保护等重要分部工程，应进行抽样检测。

（6）承担见证取样检测及有关结构安全、使用功能等项目的检测单位，应具备相应资质。

（7）工程的观感质量，应由验收人员现场检查，并共同确认。

3. 竣工质量验收的标准

（1）单位（子单位）工程所含分部（子分部）工程质量验收均应合格。

（2）质量控制资料应完整。

（3）单位（子单位）工程所含分部（子分部）工程有关安全和功能的检验资料应完整；

（4）主要功能项目的抽查结果应符合相关专业质量验收规范的规定；

（5）观感质量验收应符合相关规范的规定。

4. 竣工质量验收的程序

（1）竣工验收准备

施工单位按照合同规定的施工范围和质量标准完成施工任务后，应组织有关人员进行质量检查评定。经自检合格后，向现场监理机构提交工程竣工预验收申请报告，要求组织工程竣工预验收。施工单位的竣工验收准备包括工程实体的验收准备和相关工程档案资料的验收准备，应使其达到竣工验收的要求；其中设备及管道安装工程等，应经过试压、试车和系统联动试运行检查。

（2）竣工预验收

监理机构收到施工单位的工程竣工预验收申请报告后，应对验收的准备情况和验收条件进行检查，对工程质量进行竣工预验收。对工程实体质量及档案资料存在的缺陷，应及时提出整改意见，并与施工单位协商整改方案，确定整改要求和完成时间。

施工单位向建设单位提交工程竣工验收报告，申请工程竣工验收时，应具备的条件有：

①完成建设工程设计和合同约定的各项内容；

②有工程使用的主要建筑材料、构（配）件和设备的进场试验报告；

③有工程勘察、设计、施工、工程监理等单位签署的质量合格文件；

④有完整的技术档案和施工管理资料；

⑤有施工单位签署的工程保修书。

（3）正式竣工验收

建设单位收到工程竣工验收报告后，应由建设单位（项目）负责人组织施工（含分包单位）、设计、勘察、监理等单位（项目）负责人进行单位工程验收，并组织各相关单位和其他方面的专家组成竣工验收小组，负责检查验收的具体工作，制定验收方案。

建设单位应在工程竣工验收 7 个工作日前将验收时间、地点、验收小组名单书面通知本工程的工程质量监督机构。

建设单位组织竣工验收会议，正式验收过程的主要工作有：

①建设、勘察、设计、施工、监理单位分别汇报工程合同的履约情况及工程施工各环节施工满足设计要求，质量符合法律、法规和强制性标准的情况；

②检查审核设计、勘察、施工、监理单位的工程档案资料及质量验收资料；

③实地检查工程外观质量，对工程的使用功能进行抽查检测；

④对工程施工质量管理各环节工作、工程实体质量及质保资料情况进行全面评价，形成经验收小组成员共同确认签署的工程竣工验收意见；

⑤竣工验收合格后，建设单位应及时提出工程竣工验收报告，验收报告应附有工程施

工许可证、设计文件审查意见、质量检测功能性试验资料、工程质量保修书等法规所规定的其他文件；

⑥工程质量监督机构应对工程竣工验收工作进行监督。

6.3.4.3　竣工验收备案

（1）建设单位应自建设工程竣工验收合格之日起 15 日内，将建设工程竣工验收报告和规划、公安消防、环保等部门出具的认可文件或准许使用文件，报建设行政主管部门或者其他相关部门进行备案。

（2）备案部门在收到备案文件资料后 15 日内，对文件资料进行审查，符合要求的工程，在验收备案表上加盖竣工验收备案专用章，并将一份退给建设单位存档。如审查中发现建设单位在竣工验收过程中，有违反国家有关建设工程质量管理规定行为的，责令停止使用验收备案表，重新组织竣工验收。

（3）建设单位有以下行为之一的，责令其改正，处以工程合同价款 2% 以上，4% 以下的罚款，造成损失的依法承担赔偿责任。

①未组织竣工验收，擅自交付使用的。

②验收不合格，擅自交付使用的。

③对不合格的建设工程按照合格工程竣工验收的。

6.3.5　施工质量不合格的处理

6.3.5.1　工程质量问题和质量事故的分类

1. 工程质量不合格

（1）质量不合格和质量缺陷

根据 GB/T19000—2008 质量管理体系标准的规定，凡工程产品不满足某个规定的要求，称之为质量不合格；未满足某个与预期或规定用途有关的要求，称为质量缺陷。

（2）质量问题和质量事故

凡是因工程质量不合格，影响使用功能或工程结构安全，造成永久质量缺陷或存在重大质量隐患，甚至直接导致工程倒塌或人身伤亡的，必须进行返修、加固或报废处理，由此造成的直接经济损失按照大小分为质量问题和质量事故。

2. 工程质量事故

工程质量事故具有成因复杂、后果严重、种类繁多、往往与安全事故共生的特点，建设工程质量事故的分类有多种方法，不同专业工程类别对工程质量事故的等级划分也不尽相同。

（1）按事故造成损失的程度分级

按事故造成损失的程度分级，见表 6-36。

表 6-36　按事故造成损失的程度分级

级别	内容
特别重大事故	造成 30 人以上死亡，或者 100 人以上重伤，或者 1 亿元以上直接经济损失的事故
重大事故	造成 10 人以上 30 人以下死亡，或者 50 人以上 100 人以下重伤，或者 5000 万元以上 1 亿元以下直接经济损失的事故
较大事故	造成 3 人以上 10 人以下死亡，或者 10 人以上 50 人以下重伤，或者 1000 万元以上 5000 万元以下直接经济损失的事故
一般事故	造成 3 人以下死亡，或者 10 人以下重伤，或者 100 万元以上 1000 万元以下直接经济损失的事故

（2）按事故责任分类

按事故责任分类见表 6-37。

表 6-37　按事故责任分类

类型	内容
指导责任事故	由工程实施指导或领导失误造成的质量事故，如工程负责人片面追求施工进度，放松或不按质量标准进行控制和检验、降低施工质量标准等
操作责任事故	在施工过程中，由操作者不按规程和标准实施操作造成的质量事故，如振捣疏漏造成混凝土质量事故等
自然灾害事故	由突发的严重自然灾害等不可抗力因素造成的质量事故，如地震、台风、暴雨、雷电、洪水等对工程造成破坏甚至倒塌。 自然灾害事故虽不是人为直接造成，但灾害事故造成的损失程度与人们在事前是否采取有效的预防措施有关，相关责任人员也可能负有一定责任

思考题

6-1　项目进度控制的目的是什么？

6-2　施工预算与施工图预算的区别有哪些?

6-3　建筑工程项目质量的基本特性有哪些?

参考文献

［1］陈金洪．工程项目管理［M］．北京：中国电力出版社，2018.

［2］成虎．建筑工程合同管理与索赔第 6 版［M］．南京：东南大学出版社，2018.

［3］陈天样，王国颖．人力资源管理第 5 版［M］．广州：中山大学出版社，2014.

［4］顾勇新．施工项目质量控制［M］．北京：中国建筑工业出版社，2013.

［5］关罡．工程经济学［M］．郑州：郑州大学出版社，2017.

［6］韩明，邓祥发．建设工程监理基础［M］．天津：天津大学出版社，2014.

［7］建设部全国一级建造师执业资格考试用书编写委员会．建设工程项目管理［M］．北京：中国建筑工业出版社，2009.

［8］李忠富．建筑施工组织与管理［M］．北京：中国建筑工业出版社，2017.

［9］李政训．项目施工管理与进度控制［M］．北京：中国建筑工业出版社，2013.

［10］潘文，丁本信．建设工程合同管理与案例分析［M］．北京：中国建筑工业出版社，2004.

［11］全国建筑业企业项目经理培训教材编写编委会．施工组织设计与进度管理［M］．北京：中国建筑工业出版社，2001.

［12］田金信．建设项目管理［M］．北京：高等教育出版社，2012.

［13］危道军．建筑施工组织［M］．北京：中国建筑工业出版社，2012.

［14］危道军，刘志强．工程项目管理［M］．武汉：武汉理工大学出版社，2014.

［15］扬南方，尹辉．住宅工程质量通病防治手册第 3 版［M］．北京：中国建筑工业出版社，2002.

［16］中国建设监理协会组织．建筑工程进度控制［M］．北京：中国建筑工业出版社，2013.

［17］左美云，周彬．实用工程项目管理与图解［M］．北京：清华大学出版社，2016.